Justin Feuto

Inégalités pondérées dans une famille d'espaces dont ceux de Morrey

Justin Feuto

Inégalités pondérées dans une famille d'espaces dont ceux de Morrey

Sous-espaces particuliers d'espaces de Morrey. Continuité de l'intégrale fractionnaire

Presses Académiques Francophones

Impressum / Mentions légales
Bibliografische Information der Deutschen Nationalbibliothek: Die Deutsche Nationalbibliothek verzeichnet diese Publikation in der Deutschen Nationalbibliografie; detaillierte bibliografische Daten sind im Internet über http://dnb.d-nb.de abrufbar.
Alle in diesem Buch genannten Marken und Produktnamen unterliegen warenzeichen-, marken- oder patentrechtlichem Schutz bzw. sind Warenzeichen oder eingetragene Warenzeichen der jeweiligen Inhaber. Die Wiedergabe von Marken, Produktnamen, Gebrauchsnamen, Handelsnamen, Warenbezeichnungen u.s.w. in diesem Werk berechtigt auch ohne besondere Kennzeichnung nicht zu der Annahme, dass solche Namen im Sinne der Warenzeichen- und Markenschutzgesetzgebung als frei zu betrachten wären und daher von jedermann benutzt werden dürften.

Information bibliographique publiée par la Deutsche Nationalbibliothek: La Deutsche Nationalbibliothek inscrit cette publication à la Deutsche Nationalbibliografie; des données bibliographiques détaillées sont disponibles sur internet à l'adresse http://dnb.d-nb.de.
Toutes marques et noms de produits mentionnés dans ce livre demeurent sous la protection des marques, des marques déposées et des brevets, et sont des marques ou des marques déposées de leurs détenteurs respectifs. L'utilisation des marques, noms de produits, noms communs, noms commerciaux, descriptions de produits, etc, même sans qu'ils soient mentionnés de façon particulière dans ce livre ne signifie en aucune façon que ces noms peuvent être utilisés sans restriction à l'égard de la législation pour la protection des marques et des marques déposées et pourraient donc être utilisés par quiconque.

Coverbild / Photo de couverture: www.ingimage.com

Verlag / Editeur:
Presses Académiques Francophones
ist ein Imprint der / est une marque déposée de
AV Akademikerverlag GmbH & Co. KG
Heinrich-Böcking-Str. 6-8, 66121 Saarbrücken, Deutschland / Allemagne
Email: info@presses-academiques.com

Herstellung: siehe letzte Seite /
Impression: voir la dernière page
ISBN: 978-3-8381-7951-3

Copyright / Droit d'auteur © 2013 AV Akademikerverlag GmbH & Co. KG
Alle Rechte vorbehalten. / Tous droits réservés. Saarbrücken 2013

Espaces $(L^q, L^p)^\alpha(G)$ sur un groupe de type homogène et continuité de l'intégrale fractionnaire

Justin FEUTO

Dédicace

A ma fille FEUTO METCHU Bérénice Flora
et
ma maman NGOUNOUO Jeanne.

Remerciements

Ce travail n'aurait jamais vu le jour, n'eussent été l'insistance et la force des arguments de mon oncle M. TALLA NZUMAINTOH, qui m'ont résolu à faire le voyage de la Côte d'Ivoire pour la préparation de cette thèse. En plus de cela, son soutien constant m'a été d'une grande utilité. Je voudrais qu'il trouve ici l'expression de ma reconnaissance infinie.

A l'Université de Cocody, les Professeurs KOUA Konin et FOFANA Ibrahim ont bien voulu diriger mes travaux. Comme si cela n'était pas déjà assez, ils ont mis gracieusement à ma disposition tout ce dont j'avais besoin pour travailler. Ces deux maîtres resteront à jamais dans mon coeur. Je leur sais infiniment gré pour tous les sacrifices qu'ils ont consentis afin que ce travail voie le jour.

La section Analyse du laboratoire de MATHEMATIQUES FONDAMENTALES, m'a offert un cadre approprié pour la vérification de mes résultats et m'a permis de découvrir mes insuffisances. Que toute cette équipe, reçoive mes remerciements.

Je remercie également tous les collègues qui m'ont toujours encouragé et soutenu par la lecture de ce document, particulièrement MM. Lazare Koffi ASSI, Emile GAYE et Eric PETE, sans oublier le bibliothécaire de l'IRMA N'CHO, qui a mainte fois sacrifié son repos de midi pour me permettre de travailler.

Le Professeur Saliou TOURE a bien voulu sacrifier ses multiples occupations pour présider ce Jury ; qu'il trouve ici l'expression de ma très profonde gratitude.

Professeurs Edmond FEDIDA et Daouda SANGARE, merci infiniment pour avoir accepté de faire partie de ce jury.

Mes remerciements vont également au Professeur Kinvi KANGNI qui, en plus des conseils qu'il m'a toujours prodigués, a accepté de faire partie de ce jury.

A tout le jury, merci pour les critiques et pour toutes les observations qui ont été faites afin d'améliorer la qualité de ce travail.

Les Saintes Ecritures nous disent que si Dieu ne bâtit la maison, les ouvriers travaillent en vain. Cela pour dire que sans les prières adressées à Dieu en ma faveur par *la grande famille TAWAGUE, ma chère épouse Hortense et tous ceux qui de près ou de loin me soutenaient en prière, mes efforts auraient été inutiles. Que toutes ces personnes acceptent mes remerciements et que Dieu les bénisse en retour.*

Table des matières

Introduction **1**

1 Etude des espaces $(L^q, L^p)(G)$ **5**
    1.1 Introduction 5
    1.2 Espace $(L^q, L^p)(G)$ 6
        1.2.1 Notations et définitions 6
        1.2.2 Quelques sous-ensembles de $(L^q, L^p)(G)$ 7
        1.2.3 L'espace de Banach $(L^q, L^p)(G)$ 11
    1.3 Une norme équivalente à la norme $_B\|\cdot\|_{q,p}$ dans $(L^q, L^p)(G)$: la norme $\|\cdot\|_{q,p}^\pi$ 16
        1.3.1 Partition uniforme de G et définition de la norme $\|\cdot\|_{q,p}^\pi$ 16
        1.3.2 Equivalence entre les normes $_B\|\cdot\|_{q,p}$ et $\|\cdot\|_{q,p}^\pi$ 17
    1.4 Conclusion 22

2 Etude des espaces $(L^q, L^p)^\alpha(G)$ **23**
    2.1 Introduction 23
    2.2 Espace de type homogène 24
        2.2.1 Généralités 24
        2.2.2 Groupe de type homogène [8] 26
    2.3 Définition et propriétés de l'espace $(L^q, L^p)^\alpha(G)$ 28
    2.4 Quelques sous-ensembles de $(L^q, L^p)^\alpha(G)$ 33
    2.5 Translation dans $(L^q, L^p)^\alpha(G)$ 45
    2.6 Conclusion 48

3 Intégrale fractionnaire sur les espaces $(L^q, L^p)^\alpha(G)$ **49**
    3.1 Introduction 49
    3.2 Opérateur maximal fractionnaire 50
        3.2.1 Notations et définitions 50
        3.2.2 Continuité de l'opérateur maximal $m_{q,\beta}$ 51

TABLE DES MATIÈRES

   3.3   Intégrale fractionnaire 62
   3.4   Conclusion 77

Introduction

Dans leur tentative de résoudre le problème posé par B. Muckenhoupt dans [11] ; à savoir caractériser les fonctions poids u et v pour lesquelles l'inégalité

$$\int_{-\infty}^{+\infty} \left|\widehat{f}(x)\right|^p u(x)dx \leq C \int_{-\infty}^{+\infty} |f(x)|^p v(x)dx$$

est vérifiée pour tout f Lebesgue mesurable, où $\widehat{f}$ désigne la transformée de Fourier de f, p un nombre réel supérieur à 1, et C une constante ne dépendant pas de f, Nestor E. Anguilera et Eléonore O. Harbouré ont montré dans [1], qu'une condition nécessaire dans le cas où $v = 1$ et $1 < p < 2$, était que pour tout réel $r > 0$,

$$\left[\sum_{k=-\infty}^{+\infty}\left(\int_{rk}^{r(k+1)} u(x)dx\right)^b\right]^{\frac{1}{b}} \leq Cr^{p-1}, \text{ où } b = \frac{2}{2-p}. \tag{1}$$

C'est pour mieux comprendre la condition (1), que Fofana Ibrahim dans sa Thèse d'Etat, a construit une famille d'espaces vectoriels qui contiennent les fonctions u vérifiant cette condition. Ce travail ayant été fait dans le cas de $\mathbb{R}^n$, nous nous sommes demandés si ce n'était pas possible de définir de tels espaces dans le cas des groupes localement compacts non abéliens et non compacts ; et dans le cas où cela était possible, si les propriétés établies dans le cas Euclidien restaient encore vraies.

Les groupes localement compacts de type homogène nous ont semblé les plus indiqués pour cette extension, parce que dans ces groupes nous avons une distance et la mesure de Haar qui est l'analogue de la mesure de Lebesgue dans $\mathbb{R}^n$.

Pour atteindre notre but, nous définissons dans le premier chapitre l'espace $\left((L^q, L^p)(G),\ _B\|\cdot\|_{q,p}\right)$, qui s'avère être identifiable à l'espace des amalgames $\left(L^{\pi}_{(q,p)}, \|\cdot\|^{\pi}_{q,p}\right)$ défini par R. C. Busby et H. A. Smith dans [2]. Nous rappelons que dans le cas où G est un groupe abélien, F. Holland a établi dans les espaces des amalgames, d'importants résultats en rapport avec la transformée de Fourier.

Dans le chapitre 2, nous définissons les espaces des fonctions à moyenne fractionnaire intégrable $(L^q, L^p)^\alpha (G)$, pour $1 \leq q \leq \alpha \leq p \leq +\infty$. Nous montrons que pour $\alpha \leq p \leq +\infty$, la famille $(L^1, L^p)^\alpha (G)$ forme une chaîne d'espaces de Banach, dont le plus petit est l'espace de Lebesgue $L^\alpha(G)$, et le plus grand, l'espace classique de Morrey qui correspond ici à $(L^1, L^{+\infty})^\alpha(G)$. Nous montrons ensuite que si $1 \leq q < \alpha < p$, alors l'espace L^α faible est un sous-espace vectoriel propre de $(L^q, L^p)^\alpha(G)$.

L'opérateur maximal fractionnaire de Hardy-Littlewood et l'intégrale fractionnaire ont été beaucoup étudiés dans les espaces de Lebesgue (voir [12], [13], [14], [15], [16]) et dans l'espace de Morrey classique (voir [7]), en rapport avec les problèmes liés aux équations aux dérivées partielles, aux équations intégrales et à la mécanique quantique.

Dans le chapitre 3, nous situant dans les espaces $(L^q, L^p)^\alpha(G)$, nous comparons en norme ces deux opérateurs, et nous montrons qu'ils vérifient certaines propriétés de continuité dont l'une est le prolongement du théorème 2-7 démontré par Wheeden et Pérez dans [14].

Chapitre 1

Etude des espaces $(L^q, L^p)(G)$

1.1 Introduction

Soient p et q, deux éléments de $[1\,;\,+\infty]$. L'amalgame de L^q et ℓ^p sur $\mathbb{R}$, est l'espace (L^q, ℓ^p) constitué des fonctions localement dans L^q et ayant un comportement ℓ^p à l'infini, dans ce sens que les normes L^q sur les intervalles $[k\,;\,k+1]$ avec k élément de $\mathbb{Z}$, forment une ℓ^p−suite.

L'idée de considérer l'amalgame (L^q, ℓ^p) par opposition à l'espace de Lebesgue $L^q = (L^q, L^q)$ est naturel, dans ce sens qu'il permet de séparer le comportement global de f de son comportement local. Cette idée vient de Norbert Wiener qui, en 1926, a considéré (L^1, ℓ^2) et $(L^2, \ell^{+\infty})$ dans [18]. Mais la première étude systématique de ces espaces a été faite en 1975 par F. Holland dans [10]. James Steward définit en 1979 l'espace des amalgames pour les groupes topologiques localement compacts abéliens dans [17], et R. C. Busby et H. A. Smith en 1981, définissent l'espace des amalgames pour les groupes topologiques localement compacts, non compacts et non commutatifs dans [2].

Nous définissons ici un espace vectoriel qui s'avère être identifiable à l'espace défini par R. C. Busby et H. A. Smith. Toutefois, contrairement à ces derniers qui ont utilisé des partitions uniformes, nous utilisons la convolution de f par la fonction caractéristique d'un voisinage ouvert, symétrique et relativement compact de l'élément neutre e du groupe, pour définir la norme de notre espace.

Dans le deuxième paragraphe de ce chapitre, nous définissons et étudions l'espace $(L^q, L^p)(G)$, où G est un groupe topologique localement compact non abélien, et dans le troisième paragraphe nous montrons l'équivalence entre cet espace et l'espace défini par R. C. Busby et H. A. Smith.

Dans toute la suite :

▷ G désignera un groupe topologique localement compact non nécessairement abélien, d'élément neutre e, et dont la loi est notée multiplicativement,

▷ λ désignera une mesure de Haar à gauche sur G (cette mesure est unique à un facteur constant positif près),

▷ B désignera un voisinage ouvert, symétrique et relativement compact de e.

▷ C désignera dans ce chapitre et dans les autres, une constante dont la valeur peut changer d'une expression à l'autre.

1.2 Espace $(L^q, L^p)(G)$

1.2.1 Notations et définitions

1) Pour tous sous ensembles A et B de G et tout élément x de G.
- χ_A désigne la fonction caractéristique de A,
- $AB = \{xy \ / \ x \in A \text{ et } y \in B\}$,
- $A^{-1} = \{x^{-1} \ / \ x \in A\}$,
- $xA = \{xy \ / \ y \in A\}$,
- $Ax = \{yx \ / \ y \in A\}$,
- A est symétrique si $A^{-1} = A$.

2) $L_0(G)$ désigne l'espace vectoriel complexe des classes d'équivalences modulo l'égalité λ-presque partout des fonctions complexes λ-mesurables sur G, $\mathcal{K}(G)$ l'espace vectoriel des fonctions complexes continues sur G à support compact.

▶ La convolée $f * g$ de deux éléments f et g de $L_0(G)$ est définie par :

$$(f * g)(x) = \int_G f(y) g(y^{-1}x) d\lambda(y),$$

en tout point x où cela a un sens.

▶ Pour tout élément f de $L_0(G)$:

- la fonction de distribution de f notée λ_f est définie de $[0 \ ; \ +\infty[$ dans $[0 \ ; \ +\infty]$ par

$$\lambda_f(s) = \lambda(\{x \in G \ / \ |f(x)| > s\}),$$

- la fonction de réarrangement décroissante f^* définie de $[0 \ ; \ +\infty[$ dans $[0 \ ; \ +\infty]$ par

$$f^*(s) = \inf\{t > 0 \ / \ \lambda_f(t) \leq s\},$$

- pour tout élément a de G,

  ⋆ la translatée à droite de vecteur a de f est l'élément f_a de $L_0(G)$, défini par

$$f_a(x) = f(xa),$$

et

★ la translatée à gauche de vecteur a de f est l'élément $_a f$ de $L_0(G)$, défini par
$$_a f(x) = f(a^{-1}x).$$

• $\check{f}$ est l'élément de $L_0(G)$ défini par
$$\check{f}(x) = f(x^{-1}).$$

▶ Soit un élément t de G. La mesure λ^t définie par
$$\int_G f(x) d\lambda^t(x) = \int_G f(xt^{-1}) d\lambda(x), \quad \forall f \in \mathcal{K}(G)$$

est une mesure de Haar invariante à gauche. Donc il existe un réel $\Delta_G(t)$ tel que $\lambda^t = \Delta_G(t) \lambda$. L'application $t \to \Delta_G(t)$ de G dans $\mathbb{R}$ est appelée fonction module de G.

▷ Pour tout p élément de $[1; +\infty]$, $L^p(G)$ désigne l'espace de Lebesgue habituel sur G relativement à la mesure λ, muni de sa norme usuelle notée $\|\cdot\|_p$.

3) Soit (q,p) un couple d'éléments de $[1; +\infty]$.

▶ Pour tout élément f de $L_0(G)$, nous posons :

$$_B \|f\|_{q,p} = \begin{cases} \left[\int_G \left(\|f \chi_{yB}\|_q \right)^p d\lambda(y) \right]^{\frac{1}{p}} & \text{si } p < +\infty \\ \sup_{y \in G} ess \|f \chi_{yB}\|_q & \text{si } p = +\infty \end{cases},$$

et

$$\|f\|_{q,p}^* = \begin{cases} \left(\dfrac{p}{q} \int_0^{+\infty} \left(t^{\frac{1}{q}} f^*(t) \right)^p \dfrac{dt}{t} \right)^{\frac{1}{p}} & \text{si } 1 \leq q, p < +\infty \\ \sup_{t>0} t^{\frac{1}{q}} f^*(t) & \text{si } 1 \leq q < p = +\infty \\ \sup_{t>0} f^*(t) & \text{si } q = p = +\infty \end{cases}.$$

▶ $L^{q,p}(G) = \left\{ f \in L_0(G) \;/\; \|f\|_{q,p}^* < +\infty \right\}$ (Espaces de Lorentz).

▶ $(L^q, L^p)(G) = \left\{ f \in L_0(G) \;/\; _B\|f\|_{q,p} < +\infty \right\}$.

1.2.2 Quelques sous-ensembles de $(L^q, L^p)(G)$

Nous rappelons ici sans démonstration deux résultats classiques qui nous seront d'une grande utilité pour la suite.

Théorème 1.2.1 (inégalité de Young [5]) *Soient p, q et r des éléments de l'ensemble* $[1 ; +\infty]$ *tels que*
$$\frac{1}{p}+\frac{1}{q}=\frac{1}{r}+1.$$
Si f appartient à $L^p(G)$ *et g un élément de* $L^q(G)$ *qui vérifie* $\|g\|_q = \|\check{g}\|_q$, *alors* $f * g$ *appartient à* $L^r(G)$, *et nous avons* $\|f * g\|_r \leq \|f\|_p \|g\|_q$.

Théorème 1.2.2 ([8]) *Soient p, q et r des réels tels que*
$$\frac{1}{p}+\frac{1}{q}=\frac{1}{r}+1,\ p>1,\ q>1,\ et\ r<+\infty.$$
Il existe une constante $C = C(p,q)$ *telle que pour tout élément f de* $L^{q,+\infty}(G)$ *et pour tout élément g de* $L^p(G)$, *nous ayons*
$$\|f * g\|_r \leq C \|f\|_{q,+\infty}^* \|g\|_p.$$

A l'aide de ces deux résultats, nous allons montrer que les espaces $(L^q, L^p)(G)$, contiennent les espaces de Lebesgue et de Lebesgue faibles.

Proposition 1.2.3 *Soient p, q et r des éléments de* $[1 ; +\infty]$ *tels que* $1 \leq q \leq r \leq p \leq +\infty$. *Il existe une constante réelle* $C = C(B)$, *telle que :*
$$_B\|f\|_{q,p} \leq C \|f\|_r, \tag{1.1}$$
pour tout élément f de $L_0(G)$.

En particulier si $q = p$ alors
$$_B\|f\|_{p,p} = \lambda(B)^{\frac{1}{p}} \|f\|_p,$$
et nous avons $L^p(G) = (L^p, L^p)(G)$.

Preuve : Soit un élément f de $L_0(G)$.
Si f n'appartient pas à $L^r(G)$, alors l'inégalité (1.1) est trivialement vérifiée.
Nous supposons donc que f est un élément de $L^r(G)$.

1^{er}cas : Supposons que $1 \leq q \leq r \leq p < +\infty$. Nous avons
$$\begin{aligned}
_B\|f\|_{q,p} &= \left[\int_G \left(\int_G |f(x)|^q \chi_{yB}(x)d\lambda(x)\right)^{\frac{p}{q}} d\lambda(y)\right]^{\frac{1}{p}} \\
&= \left[\int_G \left(\int_G |f(x)|^q \chi_B(x^{-1}y)d\lambda(x)\right)^{\frac{p}{q}} d\lambda(y)\right]^{\frac{1}{p}} \\
&= \left[\int_G (|f|^q * \chi_B)^{\frac{p}{q}}(y)d\lambda(y)\right]^{\frac{1}{p}} = \||f|^q * \chi_B\|_{\frac{p}{q}}^{\frac{1}{q}}.
\end{aligned}$$

1. ETUDE DES ESPACES $(L^Q, L^P)(G)$

Puisque $(|f|^q)^{\frac{r}{q}} = |f|^r$, $|f|^q$ est un élément de $L^{\frac{r}{q}}(G)$. Or, χ_B est un élément de $L^{\frac{pr}{qr-qp+pr}}(G)$, et

$$\frac{1}{\frac{r}{q}} + \frac{1}{\frac{pr}{qr-pq+pr}} = \frac{1}{\frac{p}{q}} + 1, \text{ avec } \frac{pr}{qr-pq+pr} \geq 1 \text{ et } \frac{p}{q} \geq 1.$$

Donc,

$$_B\|f\|_{q,p}^q = \||f|^q * \chi_B\|_{\frac{p}{q}} \leq \||f|^q\|_{\frac{r}{q}} \|\chi_B\|_{\frac{pr}{qr-qp+pr}} = \|f\|_r^q \lambda(B)^{\frac{qr-pq+pr}{pr}} < +\infty,$$

d'après le théorème 1.2.1.

Dans le cas particulier où $q = r = p$, nous avons :

$$_B\|f\|_{p,p} = \left[\int_G \left(\int_G |f(x)|^p \chi_{yB}(x) d\lambda(x)\right) d\lambda(y)\right]^{\frac{1}{p}}$$
$$= \left[\int_G \left(\int_G \chi_B(x^{-1}y) d\lambda(y)\right) |f(x)|^p d\lambda(x)\right]^{\frac{1}{p}} = \lambda(B)^{\frac{1}{p}} \|f\|_p.$$

C'est-à-dire que

$$_B\|f\|_{p,p} = \lambda(B)^{\frac{1}{p}} \|f\|_p.$$

2ème cas : Supposons que $p = +\infty$ et $q < +\infty$.

D'après ce qui précède, $|f|^q$ est un élément de $L^{\frac{r}{q}}(G)$ et χ_B un élément de $L^{\left(\frac{r}{q}\right)'}(G)$, $\left(\frac{r}{q}\right)'$ étant le conjugué de $\frac{r}{q}$.

Donc,

$$_B\|f\|_{q,+\infty} = \left\|(|f|^q * \chi_B)^{\frac{1}{q}}\right\|_{+\infty} = \||f|^q * \chi_B\|_{+\infty}^{\frac{1}{q}} \leq \lambda(B)^{\frac{1}{q}-\frac{1}{r}} \|f\|_r,$$

d'après le théorème 1.2.1.

Si $q < +\infty$ et $r = p = +\infty$, on a $_B\|f\|_{q,+\infty} \leq \lambda(B)^{\frac{1}{q}} \|f\|_{+\infty}$.

3ème cas : Supposons que $q = r = p = +\infty$. Nous avons

$$|f(x)| \chi_{yB}(x) \leq |f(x)|,$$

pour λ-presque tous x et y dans G, et donc

$$_B\|f\|_{+\infty,+\infty} = \left\|\|f\chi_{yB}\|_{+\infty}\right\|_{+\infty} \leq \|f\|_{+\infty}.$$

Si $\|f\|_{+\infty} = 0$, alors $_B\|f\|_{+\infty,+\infty} = \|f\|_{+\infty}$.

Nous supposons donc que $\|f\|_{+\infty} > 0$.

Soit r un réel tel que $0 < r < \|f\|_{+\infty}$. Nous avons

$$r < \|f\|_{+\infty} = \inf \{a > 0 \,/\, \lambda(\{x \in G \,/\, |f(x)| > a\}) = 0\}.$$

Ce qui implique que $\lambda\left(\{x \in G \ / \ |f(x)| > r\}\right) > 0$.

Posons :
$$E_r = \{x \in G \ / \ |f(x)| > r\}.$$

Puisque $\lambda(E_r) > 0$, il existe un compact K contenu dans E_r tel que $\lambda(K) > 0$. Soit B' un voisinage ouvert, symétrique et relativement compact de e, tel que $B'^2 = B'B'$ soit contenu dans B.

$$\exists \{y_1; y_2; \ldots; y_n\} \subset K \text{ tel que } K = \bigcup_{i=1}^{n} (K \cap y_i B') \ ;$$

mais puisque $\lambda(K) > 0$, il existe un élément ℓ de $\{1; 2; \ldots; n\}$ tel que $\lambda(K \cap y_\ell B') > 0$. Soit y un élément quelconque de $y_\ell B'$. Nous avons $y_\ell B' \subset y_\ell B'^2 \subset yB$.

Ainsi,
$$K \cap y_\ell B' \subset K \cap yB \subset K \subset E_r.$$

Par conséquent,
$$|f(x)| \chi_{yB}(x) > r, \ \forall (x, y) \in (K \cap y_\ell B')^2.$$

Cette dernière relation nous permet de dire que
$$K \cap y_\ell B' \subset \{x \in G \ / \ |f(x)| \chi_{yB}(x) \geq r\}, \forall y \in K \cap y_\ell B'.$$

On en déduit que
$$K \cap y_\ell B' \subset \left\{y \in G \ / \ \|f\chi_{yB}\|_{+\infty} \geq r\right\}, \text{ puisque } \lambda(K \cap y_\ell B') > 0.$$

D'où
$$r \leq \left\|\|f\chi_{yB}\|_{+\infty}\right\|_{+\infty} = {}_B\|f\|_{+\infty,+\infty} \ ;$$

et par suite
$${}_B\|f\|_{+\infty,+\infty} = \|f\|_{+\infty}. \ \blacksquare$$

De cette proposition, nous déduisons que $L^r(G) \subset (L^q, L^p)(G)$, si $1 \leq q \leq r \leq p \leq +\infty$, avec $L^p(G) = (L^p, L^p)(G)$.

Proposition 1.2.4 *Soient q, r et p des éléments de $[1; +\infty]$. Si $1 \leq q < r < p < +\infty$ alors il existe une constante réelle $C = C(B, q, p, r)$ telle que :*
$${}_B\|f\|_{q,p} \leq C \|f\|^*_{r,+\infty}, \ \forall f \in L_0(G).$$

Preuve : Soit f un élément de $L_0(G)$.

Si f n'est pas élément de $L^{r,+\infty}(G)$, alors l'inégalité est triviale.

Nous supposons donc que f est un élément de $L^{r,+\infty}(G)$.

$$f \in L^{r,+\infty}(G) \Longrightarrow |f|^q \in L^{\frac{r}{q},+\infty}(G).$$

Par ailleurs,
$$\frac{pr}{qr-qp+pr} > 1 \text{ et } \frac{qr-pq+pr}{pr} + \frac{q}{r} = \frac{q}{p} + 1.$$

Comme χ_B est un élément de $L^{\frac{pr}{qr-qp+pr}}(G)$, il existe, d'après le théorème 1.2.2, une constante réelle C telle que :

$$_B\|f\|_{q,p}^q = \||f|^q * \chi_B\|_{\frac{p}{q}} \leq C\lambda(B)^{\frac{qr-qp+pr}{pr}} \left(\|f\|_{r,+\infty}^*\right)^q.$$

D'où l'inégalité. ∎

Il découle de cette autre propriété que $L^{r,+\infty}(G)$ est un sous-ensemble de $(L^q, L^p)(G)$, si $1 \leq q < r < p < +\infty$.

1.2.3 L'espace de Banach $(L^q, L^p)(G)$

Nous allons démontrer dans la proposition qui suit, que les applications $f \longmapsto {}_B\|f\|_{q,p}$, sont des normes équivalentes pour différents choix de B. Cette proposition justifie le fait que dans la notation $(L^q, L^p)(G)$ nous ne faisons pas référence au voisinage B.

Proposition 1.2.5 *Soient B_1 et B_2 deux voisinages ouverts relativement compacts et symétriques de e, p et q deux éléments de $[1\,;\,+\infty]$. Il existe une constante $C = C(B_1, B_2)$ telle que :*

$$_{B_2}\|f\|_{q,p} \leq C \,_{B_1}\|f\|_{q,p},\ \forall f \in L_0(G).$$

Preuve : Soit un élément f de $L_0(G)$.

1er **cas** : Supposons que $q < +\infty$.

Il existe un sous-ensemble fini $\{y_1; y_2; \ldots; y_n\}$ de B_2 tel que :

$$B_2 \subset \bigcup_{i=1}^n B_1 y_i.$$

Ainsi, pour λ−presque tout élément y de G, nous avons :

$$\left(\int_G |f(x)|^q \chi_{B_2}(x^{-1}y)d\lambda(x)\right)^{\frac{1}{q}} \leq \sum_{i=1}^n \left(\int_G |f(x)|^q \chi_{B_1}(x^{-1}yy_i^{-1})d\lambda(x)\right)^{\frac{1}{q}}.$$

Ce qui peut encore s'écrire

$$\left(|f|^q * \chi_{B_2}\right)^{\frac{1}{q}}(y) \leq \sum_{i=1}^n \left(|f|^q * \chi_{B_1}\right)^{\frac{1}{q}}(yy_i^{-1}). \tag{1.2}$$

Donc si $p<+\infty$, alors

$$\left[\int_G \left(|f|^q * \chi_{B_2}\right)^{\frac{p}{q}}(y)d\lambda(y)\right]^{\frac{1}{p}} \leq \sum_{i=1}^n \left[\int_G \left(|f|^q * \chi_{B_1}\right)^{\frac{p}{q}}(yy_i^{-1})d\lambda(y)\right]^{\frac{1}{p}}$$
$$\leq \sum_{i=1}^n (\Delta_G(y_i))^{\frac{1}{p}} \left[\int_G \left(|f|^q * \chi_{B_1}\right)^{\frac{p}{q}}(y)d\lambda(y)\right]^{\frac{1}{p}}$$
$$\leq \left(\sum_{i=1}^n \Delta_G^{\frac{1}{p}}(y_i)\right) {}_{B_1}\|f\|_{q,p}.$$

Par suite,

$$_{B_2}\|f\|_{q,p} \leq C\ _{B_1}\|f\|_{q,p}, \text{ avec } C = \sum_{i=1}^n \Delta_G^{\frac{1}{p}}(y_i).$$

Si $p = +\infty$ alors,

$$\left\|\left(|f|^q * \chi_{B_2}\right)^{\frac{1}{q}}\right\|_{+\infty} \leq n \left\|\left(|f|^q * \chi_{B_1}\right)^{\frac{1}{q}}\right\|_{+\infty};$$

c'est-à-dire

$$_{B_2}\|f\|_{q,+\infty} \leq C\ _{B_1}\|f\|_{q,+\infty}, \text{ avec } C = n.$$

2ème cas : Supposons que $q = +\infty$.

Il existe un sous-ensemble fini $\{y_1; y_2; \ldots; y_n\}$ dans B_2, tel que

$$B_2 \subset \bigcup_{i=1}^n y_i B_1.$$

Ainsi, pour λ−presque tous x et y dans G,

$$\left(|f|\chi_{yB_2}\right)(x) \leq \sum_{i=1}^n \left(|f|\chi_{yy_iB_1}\right)(x).$$

Donc, pour λ−presque tout y dans G,

$$\|f\chi_{yB_2}\|_{+\infty} \leq \sum_{i=1}^n \|f\chi_{yy_iB_1}\|_{+\infty}.$$

Par conséquent, si $p < +\infty$ alors

$$\left(\int_G \|f\chi_{yB_2}\|_{+\infty}^p d\lambda(y)\right)^{\frac{1}{p}} \leq \sum_{i=1}^n \left(\int_G \|f\chi_{yy_iB_1}\|_{+\infty}^p d\lambda(y)\right)^{\frac{1}{p}}$$
$$\leq \sum_{i=1}^n \Delta_G\left(y_i^{-1}\right)^{\frac{1}{p}} \left(\int_G \|f\chi_{yB_1}\|_{+\infty}^p d\lambda(y)\right)^{\frac{1}{p}};$$

c'est-à-dire

$$_{B_2}\|f\|_{+\infty,p} \leq C\ _{B_1}\|f\|_{+\infty,p}, \text{ avec } C = \sum_{i=1}^n \Delta_G^{\frac{1}{p}}\left(y_i^{-1}\right).$$

Si $p = +\infty$, alors $_{B_2}\|f\|_{+\infty,+\infty} = \|f\|_{+\infty} = {}_{B_1}\|f\|_{+\infty,+\infty}$ d'après la proposition 1.2.3. ∎

1. ETUDE DES ESPACES $(L^Q, L^P)(G)$

Proposition 1.2.6 (Inégalité de Hölder) *Soient (p_1, q_1) et (p_2, q_2) deux éléments de $[1\,;\, +\infty]^2$ tels que*

$$p_1^{-1} + p_2^{-1} = p^{-1} \leq 1 \text{ et } q_1^{-1} + q_2^{-1} = q^{-1} \leq 1.$$

Si f est un élément de $(L^{q_1}, L^{p_1})(G)$ et g un élément de $(L^{q_2}, L^{p_2})(G)$, alors fg est un élément de $(L^q, L^p)(G)$ et nous avons

$$_B\|fg\|_{q,p} \leq\, _B\|f\|_{q_1,p_1}\, _B\|g\|_{q_2,p_2}.$$

Preuve : Soient f un élément de $(L^{q_1}, L^{p_1})(G)$ et g un élément de $(L^{q_2}, L^{p_2})(G)$. Il existe un sous-ensemble $\lambda-$ mesurable N de G tel que :

$$\begin{cases} \lambda(N) = 0 \\ \left(|f|\chi_{yB}, \|f\chi_{yB}\|_{q_1}\right) \in L^{q_1}(G) \times L^{p_1}(G),\, \forall y \in G \backslash N \\ \left(|g|\chi_{yB}, \|g\chi_{yB}\|_{q_2}\right) \in L^{q_2}(G) \times L^{p_2}(G),\, \forall y \in G \backslash N \end{cases}.$$

Ainsi, d'après l'inégalité de Hölder dans les espaces de Lebesgue, nous avons

$$\begin{aligned}_B\|fg\|_{q,p} &= \left\|\left\|fg\chi_{yB}\right\|_q\right\|_p = \left\|\left\|(f\chi_{yB})(g\chi_{yB})\right\|_q\right\|_p \\ &\leq \left\|\left\|f\chi_{yB}\right\|_{q_1}\right\|_{p_1} \left\|\left\|g\chi_{yB}\right\|_{q_2}\right\|_{p_2} \leq\, _B\|f\|_{q_1,p_1}\,_B\|g\|_{q_2,p_2} < +\infty.\end{aligned}$$

D'où, fg est un élément de $(L^q, L^p)(G)$. ∎

Dans les deux propositions qui suivent, nous supposons que le groupe G est σ-compact ; c'est-à-dire peut s'écrire comme une réunion dénombrable de compacts.

Proposition 1.2.7 *Pour tous réels p et q tels que $1 \leq p,\, q \leq +\infty$, l'application $f \longmapsto\, _B\|f\|_{q,p}$ est une norme sur $(L^q, L^p)(G)$.*

Preuve : Soit f un élément de $(L^q, L^p)(G)$ vérifiant $_B\|f\|_{q,p} = 0$. Puisque

$$0 =\, _B\|f\|_{q,p} = \left\|\left\|f\chi_{yB}\right\|_q\right\|_p,$$

il existe un sous-ensemble λ- mesurable N de G, vérifiant :

$$\begin{cases} \lambda(N) = 0 \\ \|f\chi_{yB}\|_q = 0,\, \forall y \in G\backslash N \end{cases},$$

où $G\backslash N$ désigne le complémentaire de N dans G.
Remarquons que

$$G = \bigcup_{y \in G\backslash N} yB. \tag{1.3}$$

13

En effet, si x est un élément de G, alors $xB \nsubseteq N$. Par conséquent, $xB \cap (G\backslash N) \neq \emptyset$. Soit y un élément de cette intersection, $x \in yB$.

Pour chaque y choisi dans $G\backslash N$, il existe un sous-ensemble λ-mesurable M_y de G vérifiant
$$\begin{cases} \lambda(M_y) = 0 \\ f(x)\chi_{yB}(x) = 0, \ \forall x \in G\backslash M_y \end{cases} ; \qquad (1.4)$$
c'est-à-dire que pour tout y élément de $G\backslash N$, $f\chi_{yB} = O$, où O désigne la classe des fonctions nulles λ- presque partout sur G.

Considérons un sous-ensemble compact quelconque K de G.

Il existe d'après (1.3), un sous-ensemble fini $\{y_1; y_2; \ldots; y_n\}$ de $G\backslash N$ tel que
$$K \subset \bigcup_{i=1}^{n} y_i B.$$

Posons $\quad M = \bigcup_{i=1}^{n} M_{y_i}$.

Remarquons que $\lambda(M) = 0$, et que
$$\forall x \in (K\backslash M), \ \exists i \in \{1; 2; \ldots; n\} \text{ tel que } x \in (y_i B) \cap (G\backslash M_{y_i}).$$

Ceci permet d'après (1.4), de dire que
$$f(x) = 0, \ \forall x \in (K\backslash M).$$

Ainsi, $f\chi_K = O$.

Puisque G est σ-compact, $f = O$.

L'homogénéité positive et l'inégalité triangulaire découlent immédiatement de la définition de $_B\|\cdot\|_{q,p}$. ∎

Proposition 1.2.8 *Soient p et q deux éléments de $[1 \,;\, +\infty]$. Alors, $\left((L^q, L^p)(G),\ _B\|\cdot\|_{q,p}\right)$ est un espace de Banach complexe.*

Preuve : Soit $(f_n)_{n \in \mathbb{N}^*}$ une suite d'éléments de $(L^q, L^p)(G)$ telle que
$$\sum_{n \geq 1} {}_B\|f_n\|_{q,p} < +\infty.$$

Puisque
$$\sum_{n \geq 1} {}_B\|f_n\|_{q,p} = \sum_{n \geq 1} \left\|\|f_n \chi_{yB}\|_q\right\|_p < +\infty,$$
il existe un sous-ensemble λ-mesurable N de G tel que :
$$\begin{cases} \lambda(N) = 0 \\ \sum_{n \geq 1} \|f_n \chi_{yB}\|_q < +\infty, \ \forall y \in G\backslash N \end{cases} \cdot$$

1. ETUDE DES ESPACES $(L^Q, L^P)(G)$

Ainsi, pour tout élément y de $G \backslash N$, $\sum_{n \geq 1} f_n \chi_{yB}$ converge dans $L^q(G)$ vers un élément φ_y qui est nul en dehors de yB.

Soit un élément y de $G \backslash N$, désignons par M_y un sous-ensemble λ-mesurable de G tel que :
$$\begin{cases} \lambda(M_y) = 0 \\ \sum_{n \geq 1} f_n(x) \chi_{yB}(x) = \varphi_y(x), \; \forall x \in G \backslash M_y \end{cases}.$$

Remarquons que si y_1 et y_2 sont deux éléments de $G \backslash N$ tels que $(y_1 B) \cap (y_2 B) \neq \emptyset$, alors
$$\sum_{n \geq 1} f_n(x) \chi_{y_1 B}(x) = \sum_{n \geq 1} f_n(x) \chi_{y_2 B}(x),$$
pour λ−presque tout x dans $(y_1 B) \cap (y_2 B)$.

Posons $\quad f(x) = \sum_{n \geq 1} f_n(x).$

Considérons un sous ensemble compact K de G.

Il existe d'après (1.3) un sous-ensemble fini $\{y_1; y_2; \ldots; y_n\}$ de $G \backslash N$ tel que :
$$K \subset \bigcup_{i=1}^{n} y_i B.$$

Posons $\quad M_K = \bigcup_{i=1}^{n} M_{y_i}.$

Nous avons :
$$\begin{cases} \lambda(M_K) = 0 \\ \forall x \in K \backslash M_K, \exists i \in \{1; 2; \ldots; n\} \text{ tel que } x \in (y_i B) \cap (G \backslash M_{y_i}) \end{cases}.$$

Ainsi, pour tout x élément de $K \backslash M_K$, $f(x)$ est bien définie.

Donc f est définie λ−presque partout, puisque G est σ−compact.

Nous avons par ailleurs,
$$_B \|f\|_{q,p} \leq \sum_{n \geq 1} {_B}\|f_n\|_{q,p} < +\infty$$

et
$$\left\| f \chi_{yB} - \sum_{k=1}^{n} f_k \chi_{yB} \right\|_q \leq \sum_{k > n} \|f_k \chi_{yB}\|_q,$$

pour λ−presque tout y dans G et pour tout entier naturel non nul n.

Donc
$$_B \left\| f - \sum_{k=1}^{n} f_k \right\|_{q,p} \leq \sum_{k > n} {_B}\|f_k\|_{q,p}.$$

D'où
$$\sum_{n \geq 1} f_n \text{ converge dans } (L^q, L^p)(G) \text{ vers } f. \blacksquare$$

1.3 Une norme équivalente à la norme $_B\|\cdot\|_{q,p}$ dans $(L^q, L^p)(G)$: la norme $\|\cdot\|_{q,p}^{\pi}$.

1.3.1 Partition uniforme de G et définition de la norme $\|\cdot\|_{q,p}^{\pi}$.

Rappelons quelques résultats et définitions donnés par Robert C. Busby et Harvey A. Smith dans [2].

Définition 1.3.1 *Soient U et V deux voisinages ouverts et relativement compacts de e tels que $\overline{U} \subset V$.*
On appelle $U - V$ partition uniforme de G, toute partition π de G en boréliens telle que :

$$\forall E \in \pi, \exists x_E \in E \text{ tel que } x_E U \subset E \subset x_E V.$$

Proposition 1.3.2 *Si U est un voisinage ouvert, relativement compact et symétrique de e, alors il existe une $U - U^2$ partition uniforme de G.*

Proposition 1.3.3 *Soient π une $U - V$ partition uniforme de G, K et L deux boréliens relativement compacts de G. Il existe une constante réelle $n_\pi(K, L) \geq 1$, telle que pour tout élément a de G, l'ensemble $\{E \in \pi \;/\; aL \cap x_E K \neq \emptyset\}$ ait au plus $n_\pi(K, L)$ éléments. Nous pouvons prendre*

$$n_\pi(K, L) = \frac{\lambda\left(LK^{-1}U\right)}{\lambda(U)}. \tag{1.5}$$

Proposition 1.3.4 *Soient π une $U - V$ partition uniforme de G, et K un borélien relativement compact de G. Toute translatée à gauche de K rencontre au plus $n_\pi(V, K)$ éléments de π.*

Définition 1.3.5 *Soient π une partition uniforme de G et (q,p) un élément de $[1\,;\,+\infty]^2$. Posons,*

▶ $\|f\|_{q,p}^{\pi} = \begin{cases} \left[\sum\limits_{E \in \pi} \left(\|f\chi_E\|_q\right)^p\right]^{\frac{1}{p}} & si \quad 1 \leq p < +\infty \\ \sup\limits_{E \in \pi} \|f\chi_E\|_q & si \quad p = +\infty \end{cases}$ *, pour tout élément f de $L_0(G)$.*

▶ $L_{(q,p)}^{\pi}(G) = \left\{ f \in L_0(G) \;/\; \|f\|_{q,p}^{\pi} < +\infty \right\}$.

Proposition 1.3.6 *Soient π et π' deux partitions uniformes de G, p et q deux éléments de $[1\,;\,+\infty]$.*
Il existe une constante réelle positive $M = M(\pi, \pi')$ telle que pour tout élément f de $L_0(G)$, nous ayons :
$$\|f\|_{q,p}^{\pi'} \leq M \|f\|_{q,p}^{\pi}.$$

Proposition 1.3.7 *Soient π une partition uniforme de G et (q,p) un élément de $[1\,;\,+\infty]^2$. Alors, $\left(L_{(q,p)}^{\pi}(G)\,,\,\|\cdot\|_{q,p}^{\pi}\right)$ est un espace de Banach complexe.*

1.3.2 Equivalence entre les normes $_B\|\cdot\|_{q,p}$ et $\|\cdot\|_{q,p}^{\pi}$.

Pour établir l'équivalence entre les normes $_B\|\cdot\|_{q,p}$ et $\|\cdot\|_{q,p}^{\pi}$, nous avons besoin du résultat de continuité suivant :

Proposition 1.3.8 *Soient (p,q) un élément de $[1\,;\,+\infty]^2$ et B un voisinage ouvert relativement compact et symétrique de e. Pour tout élément f de $(L^q, L^p)(G)$,*
a) $(|f|^q * \chi_B)(x)$ *est fini pour tout x élément de G.*
b) $|f|^q * \chi_B$ *est continue sur G.*

Preuve : Soient f un élément de $(L^q, L^p)(G)$ et x un élément de G.
a) Nous avons $\left\|\left\|f\chi_{yB}\right\|_q\right\|_p < +\infty$.
Par conséquent, il existe un sous-ensemble λ-mesurable N de G tel que :
$$\begin{cases} \lambda(N) = 0 \\ \|f\chi_{yB}\|_q < +\infty,\ \forall y \in G\backslash N \end{cases}.$$

Par ailleurs, il existe un sous-ensemble fini $\{y_1\,;\,y_2\,;\ldots;\,y_n\}$ de $G\backslash N$ tel que :
$$xB \subset \bigcup_{i=1}^{n} y_i B,$$

car xB est un sous-ensemble relativement compact de G.
Par suite,
$$\begin{aligned}(|f|^q * \chi_B)(x) &= \int_G |f(t)|^q \chi_B(t^{-1}x) d\lambda(t) = \int_G |f(t)|^q \chi_{xB}(t) d\lambda(t) \\ &\leq \sum_{i=1}^{n} \int_G |f(t)|^q \chi_{y_i B}(t) d\lambda(t).\end{aligned}$$

Donc,
$$(|f|^q * \chi_B)(x) \leq \sum_{i=1}^{n} \left\|f\chi_{y_i B}\right\|_q^q < +\infty.$$

b) Considérons une suite $(x_n)_{n\geq 0}$ d'éléments de G qui converge vers x.
Soit V_0 un voisinage compact de e. Il existe un entier naturel N_0 tel que

$$\forall n \in \mathbb{N}, \left(n > N_0 \Longrightarrow x_n x^{-1} \in V_0\right).$$

Posons $K = \left[\bigcup_{n=0}^{N_0} (x_n x^{-1} V_0)\right] \cup V_0$.

K est un voisinage compact de e, et nous avons

$$x_n x^{-1} \in K, \forall n \in \mathbb{N}.$$

Ainsi,

$$\begin{aligned}\left|\left(|f|^q * \chi_B\right)(x_n) - \left(|f|^q * \chi_B\right)(x)\right| &= \left|\int_G |f(x_n t)|^q \chi_B(t) d\lambda(t) - \int_G |f(xt)|^q \chi_B(t) d\lambda(t)\right| \\ &\leq \int_G \left||f(x_n t)|^q - |f(xt)|^q\right| \chi_{\overline{B}}(t) d\lambda(t) \\ &\leq \int_G \left|\left(f\chi_{Kx\overline{B}}\right)(x_n t)|^q - \left|\left(f\chi_{Kx\overline{B}}\right)(xt)\right|^q\right| d\lambda(t) \\ &\leq \int_G \left|\left|\left(f\chi_{Kx\overline{B}}\right)(x_n x^{-1} t)\right|^q - \left|\left(f\chi_{Kx\overline{B}}\right)(t)\right|^q\right| d\lambda(t),\end{aligned}$$

puisque

$$\begin{cases} t \in \overline{B} \\ x_n x^{-1} \in K \end{cases} \Longrightarrow \begin{cases} x_n t \in Kx\overline{B} \\ xt \in x\overline{B} \subset Kx\overline{B} \end{cases}.$$

Par suite,

$$\left|\left(|f|^q * \chi_B\right)(x_n) - \left(|f|^q * \chi_B\right)(x)\right| \leq \left\|_{xx_n^{-1}}\left(|f|^q \chi_{Kx\overline{B}}\right) - \left(|f|^q \chi_{Kx\overline{B}}\right)\right\|_1.$$

$Kx\overline{B}$ étant compact, l'application $z \longmapsto {_z\left(|f|^q \chi_{Kx\overline{B}}\right)}$ de G dans $L^1(G)$ est uniformément continue à gauche dans G.

Par conséquent,

$$0 \leq \lim_{n \to +\infty} \left|\left(|f|^q * \chi_B\right)(x_n) - \left(|f|^q * \chi_B\right)(x)\right| \leq \lim_{n \to +\infty} \left\|_{xx_n^{-1}}\left(|f|^q \chi_{Kx\overline{B}}\right) - \left(|f|^q \chi_{Kx\overline{B}}\right)\right\|_1 = 0. \blacksquare$$

Proposition 1.3.9 *Soient p et q deux éléments de $[1\,;\,+\infty]$. Il existe deux constantes réelles C_1 et C_2 telles que pour tout élément f de $L_0(G)$,*

$$C_1 \,_B\|f\|_{q,p} \leq \|f\|_{q,p}^\pi \leq C_2 \,_B\|f\|_{q,p}.$$

Preuve : Soient B_1 et B_2 deux voisinages ouverts symétriques et relativement compacts de e, tels que

$$B_1^2 \subset B_2 \text{ et } B_2^2 \subset B.$$

1. ETUDE DES ESPACES $(L^q, L^p)(G)$

Désignons par π une $B_1 - B_1^2$ partition uniforme de G. Pour tout élément E de π, nous avons $x_E^0 B_1 \subset E \subset x_E^0 B_1^2$ pour un certain x_E^0 dans E, et $E \subset xB$ pour tout x dans E.

Posons pour tout élément E de π,

$$T(E) = \{E' \in \pi \ / \ E \cap E'B \neq \emptyset\},$$

et pour tout élément y de G,

$$T_y = \{E \in \pi \ / \ E \cap yB \neq \emptyset\}.$$

D'après la proposition 1.3.4,

$$\operatorname{card} T(E) \leq n_\pi(B_1^2, B_1^2 B), \ \forall E \in \pi,$$

et

$$\operatorname{card} T_y \leq n_\pi(B_1^2, B), \forall y \in G,$$

où pour un ensemble finie E, $\operatorname{card} E$ désigne le nombre d'éléments de E.

Soit un élément f de $L_0(G)$.

1er cas : Supposons que $p < +\infty$ et $q < +\infty$.

Si f n'est pas un élément de $(L^q, L^p)(G)$, alors $\|f\|_{q,p}^\pi \leq_B \|f\|_{q,p}$.

Supposons donc que f est un élément de $(L^q, L^p)(G)$.

Pour tout élément E de π, il existe un élément z_E de E qui vérifie :

$$(|f|^q * \chi_B)^{\frac{p}{q}}(z_E) \leq \lambda(E)^{-1} \int_E [(|f|^q * \chi_B)(x)]^{\frac{p}{q}} d\lambda(x),$$

d'après la proposition 1.3.8.

Ainsi,

$$\begin{aligned}\left(\|f\chi_E\|_q\right)^p &= \left(\int_E |f(x)|^q d\lambda(x)\right)^{\frac{p}{q}}\\ &\leq \left(\int_{z_E B}|f(x)|^q d\lambda(x)\right)^{\frac{p}{q}}\\ &\leq [(|f|^q * \chi_B)(z_E)]^{\frac{p}{q}}\\ &\leq \lambda(E)^{-1}\int_E [(|f|^q * \chi_B)(x)]^{\frac{p}{q}} d\lambda(x)\\ &\leq \lambda(B_1)^{-1}\int_E [(|f|^q * \chi_B)(x)]^{\frac{p}{q}} d\lambda(x).\end{aligned}$$

Prenant la somme sur π, nous obtenons :

$$\begin{aligned}\sum_{E \in \pi}\left(\|f\chi_E\|_q\right)^p &\leq \lambda(B_1)^{-1}\sum_{E \in \pi}\int_E [(|f|^q * \chi_B)(x)]^{\frac{p}{q}} d\lambda(x)\\ &= \lambda(B_1)^{-1}\left\|(|f|^q * \chi_B)^{\frac{1}{q}}\right\|_p^p.\end{aligned}$$

Donc
$$\|f\|_{q,p}^{\pi} \leq \lambda(B_1)^{-\frac{1}{p}} {}_B\|f\|_{q,p}.$$

Par ailleurs,

$$\begin{aligned}
{}_B\|f\|_{q,p}^p &= \int_G \left[(|f|^q * \chi_B)(x)\right]^{\frac{p}{q}} d\lambda(x) \\
&= \sum_{E \in \pi} \int_E \left[(|f|^q * \chi_B)(x)\right]^{\frac{p}{q}} d\lambda(x) \\
&= \sum_{E \in \pi} \int_E \left[\sum_{E_1 \in T_x} \int_G |f\chi_{E_1}(y)|^q \chi_{xB}(y) d\lambda(y)\right]^{\frac{p}{q}} d\lambda(x) \\
&\leq n_\pi(B_1^2, B)^{\frac{p}{q}} \sum_{E \in \pi} \sum_{E_1 \in \pi} \int_E \left(\int_G |f\chi_{E_1}(y)|^q \chi_{xB}(y) d\lambda(y)\right)^{\frac{p}{q}} d\lambda(x) \\
&\leq n_\pi(B_1^2, B)^{\frac{p}{q}} \sum_{E_1 \in \pi} \sum_{E \in T(E_1)} \int_E \left(\|f\chi_{E_1}\|_q\right)^p d\lambda(x) \\
&\leq n_\pi(B_1^2, B)^{\frac{p}{q}} \sum_{E_1 \in \pi} \sum_{E \in T(E_1)} \lambda(E) \left(\|f\chi_{E_1}\|_q\right)^p \\
&\leq n_\pi(B_1^2, B)^{\frac{p}{q}} \sum_{E_1 \in \pi} \sum_{E \in T(E_1)} \lambda(B_2) \left(\|f\chi_{E_1}\|_q\right)^p.
\end{aligned}$$

Donc,
$$_B\|f\|_{q,p} \leq \lambda(B_2)^{\frac{1}{p}} n_\pi(B_1^2, B)^{\frac{1}{q}} n_\pi\left(B_1^2, B_1^2 B\right)^{\frac{1}{p}} \|f\|_{q,p}^{\pi}.$$

D'où :
$$C_1 {}_B\|f\|_{q,p} \leq \|f\|_{q,p}^{\pi} \leq C_2 {}_B\|f\|_{q,p},$$
avec $C_1 = \lambda(B_2)^{-\frac{1}{p}} n_\pi(B_1^2, B)^{-\frac{1}{q}} n_\pi\left(B_1^2, B_1^2 B\right)^{-\frac{1}{p}}$ et $C_2 = \lambda(B_1)^{-\frac{1}{p}}$.

$2^{\text{ème}}$ cas : Supposons que $p = +\infty$ et $q < +\infty$.

Soient y un élément de G et E' un élément de π contenant y.

$$\begin{aligned}
\left[(|f|^q * \chi_B)(y)\right]^{\frac{1}{q}} &= \left[\int_G |f(x)|^q \chi_B(x^{-1}y) d\lambda(x)\right]^{\frac{1}{q}} \\
&= \left[\sum_{E \in T(E')} \int_G |(f\chi_E)(x)|^q \chi_{yB}(x) d\lambda(x)\right]^{\frac{1}{q}} \\
&\leq \left[\sum_{E \in T(E')} \int_G |(f\chi_E)(x)|^q d\lambda(x)\right]^{\frac{1}{q}} \\
&\leq \sum_{E \in T(E')} \|f\chi_E\|_q \leq n_\pi(B_1^2, B_1^2 B) \|f\|_{q,+\infty}^{\pi}.
\end{aligned}$$

Ainsi,
$$_B\|f\|_{q,+\infty} = \left\|(|f|^q * \chi_B)^{\frac{1}{q}}\right\|_{+\infty} \leq n_\pi(B_1^2, B_1^2 B) \|f\|_{q,+\infty}^{\pi}.$$

Par ailleurs, pour tout élément E de π,

$$\|f\chi_E\|_q \leq \left[\int_{x_E^0 B} |f(x)|^q d\lambda(x)\right]^{\frac{1}{q}} = \left[(|f|^q * \chi_B)(x_E^0)\right]^{\frac{1}{q}} \leq \left\|(|f|^q * \chi_B)^{\frac{1}{q}}\right\|_{+\infty}.$$

1. ETUDE DES ESPACES $(L^Q, L^P)(G)$

De sorte que
$$\|f\|_{q,+\infty}^{\pi} \leq {}_B\|f\|_{q,+\infty}.$$

Donc
$$C_1 {}_B\|f\|_{q,+\infty} \leq \|f\|_{q,+\infty}^{\pi} \leq C_2 {}_B\|f\|_{q,+\infty},$$

avec $C_1 = n_\pi(B_1^2, B_1^2 B)^{-1}$ et $C_2 = 1$

3^{ème}cas : Supposons que $q = +\infty$ et $p < +\infty$.

Soient x et y deux éléments de G.

$$\begin{aligned}(|f|\chi_{yB})(x) &= \sum_{E \in \pi} |(f\chi_E)(x)|\chi_{yB}(x) = \sum_{E \in T_y} |(f\chi_E)(x)|\chi_{yB}(x) \\ &\leq \sum_{E \in T_y} |(f\chi_E)(x)|\chi_{EB}(y) \leq \sum_{E \in T_y} \|f\chi_E\|_{+\infty} \chi_{x_E^0 B_1^2 B}(y).\end{aligned}$$

Ainsi, pour tout y élément de G,

$$\|f\chi_{yB}\|_{+\infty} \leq \sum_{E \in T_y} \|f\chi_E\|_{+\infty} \chi_{x_E^0 B_1^2 B}(y).$$

Donc
$${}_B\|f\|_{+\infty,p} \leq n_\pi\left(B_1^2, B\right)^{\frac{p-1}{p}} \lambda\left(B_1^2 B\right)^{\frac{1}{p}} \|f\|_{+\infty,p}^{\pi}.$$

Par ailleurs, pour tout élément E de π et pour tout y de E, nous avons

$$\|f\chi_E\|_{+\infty} \leq \|f\chi_{yB}\|_{+\infty}, \text{ car } E \subset yB.$$

Ce qui permet d'écrire

$$\left(\|f\chi_E\|_{+\infty}\right)^p \leq \lambda(E)^{-1} \int_E \left(\|f\chi_{yB}\|_{+\infty}\right)^p d\lambda(y) \leq \lambda(B_1)^{-1} \int_E \left(\|f\chi_{yB}\|_{+\infty}\right)^p d\lambda(y).$$

Donc,
$$\|f\|_{+\infty,p}^{\pi} = \left[\sum_{E \in \pi} \left(\|f\chi_E\|_{+\infty}\right)^p\right]^{\frac{1}{p}} \leq \lambda(B_1)^{-\frac{1}{p}} {}_B\|f\|_{+\infty,p}.$$

D'où :
$$C_1 {}_B\|f\|_{+\infty,q} \leq \|f\|_{+\infty,q}^{\pi} \leq C_2 {}_B\|f\|_{+\infty,q},$$

avec $C_1 = n_\pi\left(B_1^2, B\right)^{\frac{1-p}{p}} \lambda\left(B_1^2 B\right)^{-\frac{1}{p}}$ et $C_2 = \lambda(B_1)^{-\frac{1}{p}}$.

Lorsque $p = q$, on a $\|f\|_{p,p}^{\pi} = \|f\|_p$, et ${}_B\|f\|_{p,p} = \lambda(B)^{\frac{1}{p}} \|f\|_p$. ∎

Pour terminer ce chapitre, nous reformulons à l'aide de l'équivalence ci-dessus, certains résultats établis par Busby et Smith dans [2].

Proposition 1.3.10 *Si t, s, p et q sont des éléments de $[1, +\infty]$ tels que $q \leq s \leq t \leq p$, alors*
$$\left(L^s, L^t\right)(G) \subset (L^q, L^p)(G).$$
En particulier, si $p \leq q$ alors
$$(L^q, L^p)(G) \subset L^p(G) \cap L^q(G).$$

Proposition 1.3.11 *Si $p < +\infty$ et $q < +\infty$, alors $\mathcal{K}(G)$ est dense dans $(L^q, L^p)(G)$.*

Proposition 1.3.12 *Si $p < +\infty$ et $q < +\infty$, alors les assertions suivantes sont équivalentes :*
  (i) f appartient à $(L^q, L^p)(G)$;
  (ii) pour une fonction g positive non identiquement nulle de $\mathcal{K}(G)$, $(|f|^q * g)(x)$ est finie pour tout x dans G, et $(|f|^q * g)^{\frac{1}{q}}$ est dans $L^p(G)$.

1.4 Conclusion

Les espaces des amalgames $(L^q, L^p)(G)$, comme nous le constatons, contiennent les espaces L^p faibles. Nous avons muni cet espace de deux normes équivalentes, et l'on pourrait se demander le bien fondé de cette nouvelle définition des espaces des amalgames. Cela apparaît de façon claire dans le deuxième et le troisième chapitres, où nous étudions respectivement des sous-espaces particuliers de ces espaces (Espaces des fonctions à moyenne fractionnaire intégrable), et deux opérateurs dont l'importance en analyse harmonique n'est plus à démontrer (l'opérateur maximal fractionnaire de Hardy-Littlewood et l'intégrale fractionnaire).

Chapitre 2

Etude des espaces $(L^q, L^p)^\alpha (G)$

2.1 Introduction

Soient un nombre entier $n \geq 1$, $\mathbb{R}^n$ muni de sa mesure de Lebesgue et α, p et q des éléments de $[1\,;\,+\infty]$ tels que $1 \leq q \leq \alpha \leq p \leq +\infty$.

Pour tout nombre réel $r > 0$, et tout élément f de $L_0(G)$, nous posons :

▷ $I_k^r = \prod_{i=1}^{n} [k_i r\,;\,(k_i+1)\,r[$, $\forall k = (k_1, k_2, \ldots, k_n) \in \mathbb{Z}^n$,

▷ $J_x^r = \prod_{i=1}^{n} \left] x_i - \dfrac{r}{2}\,;\,x_i + \dfrac{r}{2} \right[$, $\forall x = (x_1, x_2, \ldots, x_n) \in \mathbb{R}^n$,

▷ $_r\|f\|_{q,p} = \begin{cases} \left[\sum_{k \in \mathbb{Z}^n} \left(\left\| f \chi_{I_k^r} \right\|_q \right)^p \right]^{\frac{1}{p}} & \text{si } p < +\infty \\ \sup_{x \in \mathbb{R}^n} \left\| f \chi_{J_x^r} \right\|_q & \text{si } p = +\infty \end{cases}$.

Remarquons que pour tout nombre réel $r > 0$, $\pi_r = \{ I_k^r \,/\, k \in \mathbb{Z}^n \}$ est une $J_0^{\frac{r}{2}} - J_0^{2r}$ partition uniforme de $\mathbb{R}^n$. Donc, en prenant $G = \mathbb{R}^n$ dans la définition 1.3.5, nous constatons que l'espace des amalgames $L_{(q,p)}^\pi (\mathbb{R}^n)$ introduit par Busby et Smith dans [2], est identique à l'espace des amalgames $(L^q, \ell^p)(\mathbb{R}^n) = \left\{ f \in L_0(\mathbb{R}^n) \,/\, _1\|f\|_{q,p} < +\infty \right\}$ défini par F. Holland dans [10].

En outre, grâce aux propositions 1.2.5, 1.3.6 et 1.3.9, nous voyons que sur $(L^q, \ell^p)(\mathbb{R}^n)$, il y a équivalence entre les normes :

(i) $_1\|\cdot\|_{q,p}$

(ii) $_r\|\cdot\|_{q,p}$ $\quad (r > 0)$

(iii) $f \longmapsto {_r}|\|f\||_{q,p} = \begin{cases} \left(\int_{\mathbb{R}^n} \left\| f \chi_{y+J_0^r} \right\|_q^p dy \right)^{\frac{1}{p}} & \text{si } p < +\infty \\ \sup_{y \in \mathbb{R}^n} ess \left\| f \chi_{y+J_0^r} \right\|_q & \text{si } p = +\infty \end{cases}$.

Dans [6], Fofana définit l'espace $(L^q, \ell^p)^\alpha (\mathbb{R}^n)$ par

$$(L^q, \ell^p)^\alpha(\mathbb{R}^n) = \left\{ f \in L_0(\mathbb{R}^n) \ / \ \|f\|_{q,p,\alpha} < +\infty \right\},$$

avec
$$\|f\|_{q,p,\alpha} = \sup_{r>0} r^{n\left(\frac{1}{\alpha} - \frac{1}{q}\right)} \, _r\|f\|_{q,p}, \ \forall f \in L_0(\mathbb{R}^n).$$

Notre but ici est de définir l'espace $(L^q, L^p)^\alpha(G)$, où G est un groupe topologique localement compact non abélien.

Pour y parvenir, nous avons besoin sur G d'une distance associée à la topologie de G et pour laquelle il y a une relation entre le diamètre d'une boule et sa mesure de Haar. Cette condition est remplie par les groupes de type homogène. C'est ainsi que dans le reste de notre travail, G désignera un tel groupe.

Dans le deuxième paragraphe, nous rappelons quelques définitions et propriétés liées aux espaces et groupes de type homogène. Dans le troisième paragraphe, nous définissons l'espace $(L^q, L^p)^\alpha(G)$ et en donnons quelques propriétés. Dans le paragraphe 4, nous étudions les relations de cet espace avec certains espaces classiques. Enfin dans le paragraphe 5, nous donnons quelques propriétés de la translation à gauche dans $(L^q, L^p)^\alpha(G)$.

2.2 Espace de type homogène

2.2.1 Généralités

Considérons un ensemble X.

Définition 2.2.1 *a) Une quasi-distance sur X, est une application d de $X \times X$ dans $\mathbb{R}_+$, vérifiant les propriétés suivantes :*
  (i) $d(x,y) = 0 \iff x = y$,
  (ii) $d(x,y) = d(y,x), \forall (x,y) \in X \times X$,
  (iii) $\exists \kappa \in [1 \,;\, +\infty[$ *tel que* $d(x,y) \leq \kappa(d(x,z) + d(z,y)), \forall (x,y,z) \in X^3$.
b) Soit d une quasi-distance sur X.
  ▶ (X,d) *est appelé un espace quasi-métrique.*
  ▶ *Pour tout élément (x,r) de $X \times \mathbb{R}_+^*$, $B_{(x,r)} = \{y \in X \ / \ d(x,y) < r\}$ est la boule de centre x et de rayon r dans (X,d).*
  ▶ *La topologie définie sur X par la famille d'ouverts*
$\mathcal{O}(X,d) = \{O \subset X \ / \ \forall x \in O \ \exists r_x \in \mathbb{R}_+^* : B_{(x,r_x)} \subset O\}$, *est la topologie associée à d sur X.*

Remarque 2.2.2 *Dans la suite, on admettra que tout espace quasi-métrique (X, d) :*
a) est muni de la topologie associée à d sur X,
b) vérifie les conditions suivantes :
   (i) toute boule $B_{(x,r)}$ est un ouvert de (X, d),
   (ii) pour tout élément (x, r, R) de $X \times \mathbb{R}_+^* \times \mathbb{R}_+^*$,

$$r < R \Longrightarrow B_{(x,R)} \setminus B_{(x,r)} \neq \emptyset.$$

Définition 2.2.3 *Soit (X, d) un espace quasi-métrique.*

a) Une mesure de Borel μ sur (X, d) positive et non triviale est dite doublante, s'il existe une constante réelle C telle que

$$\mu\left(B_{(x,2r)}\right) \leq C\mu\left(B_{(x,r)}\right), \ \forall (x, r) \in X \times \mathbb{R}_+^*. \tag{2.1}$$

b) Si μ est une mesure doublante sur (X, d) alors (X, d, μ) est appelé un espace de type homogène.

Notation 2.2.4 *Soit (X, d, μ) un espace de type homogène.*
▷ *Pour une boule quelconque B de X, $r(B)$ désigne son rayon et x_B son centre.*
▷ $C_\mu = \inf \left\{ C \in \mathbb{R}_+^* \ / \ \mu\left(B_{(x,2r)}\right) \leq C\mu\left(B_{(x,r)}\right), \ \forall (x, r) \in X \times \mathbb{R}_+^* \right\}.$
▷ $D_\mu = \dfrac{\ln C_\mu}{\ln 2},$ *est l'ordre de doublement de μ.*

Il est aisé de déduire de la relation (2.1) que, si B et $\tilde{B}$ sont deux boules de l'espace de type homogène (X, d, μ), alors

$$\tilde{B} \subset B \Longrightarrow \frac{\mu(B)}{\mu\left(\widetilde{B}\right)} \leq A_\mu \left(\frac{r(B)}{r(\widetilde{B})}\right)^{D_\mu}, \tag{2.2}$$

avec $A_\mu = C_\mu (2\kappa)^{D_\mu}$.

Exemple 2.2.5 *a) Soit n un entier naturel non nul, δ la distance euclidienne sur $\mathbb{R}^n$ et m la mesure de Lebesgue sur $\mathbb{R}^n$. $(\mathbb{R}^n, \delta, m)$ est un espace de type homogène.*

b) Soit X un groupe localement compact pour lequel il existe une base dénombrable de voisinages ouverts $\{U_j \ , \ j \in \mathbb{Z}\}$ de l'élément neutre e, vérifiant les conditions suivantes :
   (i) $U_j = U_j^{-1} \quad \forall j \in \mathbb{Z}$,
   (ii) $U_j U_j \subset U_{j+1} \quad \forall j \in \mathbb{Z}$,

(iii) $0 < \mu(U_{j+1}) < C\mu(U_j)$ $\forall j \in \mathbb{Z}$,

où μ est une mesure de Haar invariante à gauche et C une constante indépendante de j,

(iv) $\underset{j \in \mathbb{Z}}{\cup} U_j = X$,

et la quasi-distance d définie par

$$d(x,y) = \inf\{\mu(U_j), \ x^{-1}y \in U_j\}.$$

(X, d, μ) est un espace de type homogène.

Il existe des espaces de type homogène (X, d, μ) dont l'espace sous-jacent X est un groupe localement compact et tel que la mesure μ et la quasi-distance d soient liées de façon plus précise. Nous allons nous étendre un peu plus sur ce cas dans le sous-paragraphe suivant.

2.2.2 Groupe de type homogène [8]

G est un groupe de Lie de dimension finie connexe, simplement connexe et nilpotent, d'algèbre de Lie $\mathcal{G}$.

Nous avons la proposition suivante :

Proposition 2.2.6 *a) L'application exponentielle est un difféomorphisme de $\mathcal{G}$ dans G.*

b) Si G est identifié à $\mathcal{G}$ grâce à l'application exponentielle, alors la loi de G $(x,y) \longmapsto xy$, est une application polynomiale.

c) Si μ désigne la mesure de Lebesgue sur $\mathcal{G}$, alors $\lambda = \mu \circ \exp^{-1}$ est une mesure de Haar bi-invariante sur G.

Supposons qu'il existe un endomorphisme A de $\mathcal{G}$, diagonalisable et de valeurs propres toutes strictement positives.

Posons :

$$\gamma_r = \exp(A \log r), \ \forall r \in \mathbb{R}_+^*.$$

Remarquons que $\{\gamma_r, \ r \in \mathbb{R}_+^*\}$, est une famille d'automorphismes de $\mathcal{G}$.

$\exp : \mathcal{G} \longrightarrow G$ étant un difféomorphisme, en posant

$$\delta_r = \exp \circ \gamma_r \circ \exp^{-1}, \ \forall r \in \mathbb{R}_+^*,$$

nous obtenons une famille $\{\delta_r, \ r \in \mathbb{R}_+^*\}$ d'automorphismes de groupe de G appelée une famille de dilatations.

On montre que :

2. ETUDE DES ESPACES $(L^Q, L^P)^\alpha (G)$

Proposition 2.2.7 *Il existe une application continue*

$$|\cdot| : G \longrightarrow \mathbb{R}_+$$
$$x \longmapsto |x|$$

ayant les propriétés suivantes :

(i) $|\cdot|$ *est de classe* $\mathcal{C}^\infty$ *sur* $G\setminus\{e\}$,
(ii) $|x^{-1}| = |x|$ $\forall x \in G$,
(iii) $|\delta_r x| = |rx| = r|x|$ $\forall (x, r) \in G \times \mathbb{R}_+^*$,
(iv) $|x| = 0 \iff x = e$.

En outre,

a) $\forall (x, r) \in G \times \mathbb{R}_+^*$, $\overline{B_{(x,r)}} = \{y \in G \ / \ |x^{-1}y| \leq r\}$ *est compact.*
b) $\exists C \in \mathbb{R}_+^*$ *tel que* $\forall (x, y) \in G^2$, $|xy| \leq C(|x| + |y|)$.

c) *Si ρ est la trace de A, alors pour tout sous-ensemble mesurable E de G et tout réel $r > 0$, $\lambda(\delta_r(E)) = r^\rho \lambda(E)$.*

L'application définie ci-dessus, est appelée norme homogène sur G.

Nous constatons que si d est la quasi-distance associée sur G à la norme $|\cdot|$,

$$\forall (x, y) \in G^2 \quad d(x, y) = |x^{-1}y|,$$

alors (G, d, λ) est un espace de type homogène.

Un groupe localement compact connexe et simplement connexe G, muni d'une mesure de Haar bi-invariante λ, d'une application continue de G dans $\mathbb{R}_+$ notée $|\cdot|$ vérifiant les relations $ii) - iv)$, a) et b) de la proposition 2.2.7 et tel qu'il existe deux constantes C_0 et ρ telles que $\lambda(B_{(x,r)}) = C_0 r^\rho$ pour tout élément (x, r) de $G \times \mathbb{R}_+^*$, est appelé groupe de type homogène $(G, |\cdot|, \lambda)$.

Comme exemples de groupes de type homogène, nous avons :

a) $(\mathbb{R}^n, +)$ avec $\delta_r : (x_1, x_2, \ldots, x_n) \longmapsto (rx_1, rx_2, \ldots, rx_n)$ comme dilatations, et $|\cdot| : (x_1, x_2, \ldots, x_n) \longmapsto \sqrt{\sum_{i=1}^n x_i^2}$, comme norme homogène.

b) Le groupe de Heisenberg $\mathbb{H}_n = \mathbb{C}^n \times \mathbb{R}$ avec

$$(z_1, z_2, \ldots, z_n, t)(z_1', z_2', \ldots, z_n', t') = \left(z_1 + z_1', z_2 + z_2', \ldots, z_n + z_n', t + t' + 2\Im \sum_{j=1}^n z_j \overline{z_j'} \right)$$

comme loi de groupe, $\delta_r : (z_1, z_2, \ldots, z_n, t) \longmapsto (rz_1, rz_2, \ldots, rz_n, r^2 t)$ comme dilatations, et

$$|\cdot| : (z_1, z_2, \ldots, z_n, t) \longmapsto \left[\left(\sum_{j=1}^n |z_j|^2 \right)^2 + t^2 \right]^{\frac{1}{4}}$$

comme norme homogène.

Dans la suite, nous fixons un groupe de type homogène $(G, |\cdot|, \lambda)$ tel que défini ci-dessus, avec la mesure λ normalisée par la condition $\lambda\left(B_{(e,1)}\right) = 1$, et nous posons

$$\gamma = \inf\left\{C > 0 \,/\, |xy| \leq C(|x| + |y|), \forall (x,y) \in G \times G\right\}.$$

$L_0(X, d, \mu)$ désignera l'ensemble des classes d'équivalences modulo l'égalité μ-presque partout des fonctions complexes μ-mesurables sur un espace de type homogène quelconque (X, d, μ), et $\|\|\|_{q,\mu}$ la norme habituelle dans l'espace de Lebesgue $L^q(X, d, \mu)$; mais nous garderons les notations du chapitre 1 sur le groupe de type homogène $(G, |\cdot|, \lambda)$.

2.3 Définition et propriétés de l'espace $(L^q, L^p)^\alpha(G)$

Définition 2.3.1 *Soient* $1 \leq q \leq \alpha \leq p \leq +\infty$, *et* $r > 0$. *Désignons par* π_r *une* $B_{\left(e, \frac{r}{4\gamma^2}\right)} - B^2_{\left(e, \frac{r}{4\gamma^2}\right)}$ *partition uniforme de* G.

a) $\|f\|_{q,p,\alpha} = \sup\limits_{r>0} \lambda\left(B_{(e,r)}\right)^{\frac{1}{\alpha}-\frac{1}{q}} \|f\|_{q,p}^{\pi_r}$, $\forall f \in L_0(G)$.

b) $(L^q, L^p)^\alpha(G) = \left\{ f \in L_0(G) \,/\, \|f\|_{q,p,\alpha} < +\infty \right\}$.

Proposition 2.3.2 *Soit* (α, p, q) *un élément de* $[1 ; +\infty]^3$.

a) $(L^q, L^p)^\alpha(G)$ *est un sous-espace vectoriel de l'espace vectoriel complexe* $(L^q, L^p)(G)$.

b) *L'application* $f \longmapsto \|f\|_{q,p,\alpha}$ *définie une norme sur* $(L^q, L^p)^\alpha(G)$.

Preuve : Soit (α, p, q) un élément de $[1 ; +\infty]^3$.

a) $(L^q, L^p)^\alpha(G) \neq \emptyset$ car elle contient O.

Par ailleurs, si f et g sont deux éléments de $(L^q, L^p)^\alpha(G)$ et β un nombre complexe, alors nous avons :

$$\|\beta f\|_{q,p,\alpha} = \sup\limits_{r>0} \lambda\left(B_{(e,r)}\right)^{\frac{1}{\alpha}-\frac{1}{q}} \|\beta f\|_{q,p}^{\pi_r} = |\beta| \sup\limits_{r>0} \lambda\left(B_{(e,r)}\right)^{\frac{1}{\alpha}-\frac{1}{q}} \|f\|_{q,p}^{\pi_r} = |\beta| \|f\|_{q,p,\alpha} \tag{2.3}$$

et

$$\begin{aligned}\|f + g\|_{q,p,\alpha} &= \sup\limits_{r>0} \lambda\left(B_{(e,r)}\right)^{\frac{1}{\alpha}-\frac{1}{q}} \|f + g\|_{q,p}^{\pi_r} \\ &\leq \sup\limits_{r>0} \lambda\left(B_{(e,r)}\right)^{\frac{1}{\alpha}-\frac{1}{q}} \left(\|f\|_{q,p}^{\pi_r} + \|g\|_{q,p}^{\pi_r}\right) \\ &\leq \sup\limits_{r>0} \lambda\left(B_{(e,r)}\right)^{\frac{1}{\alpha}-\frac{1}{q}} \|f\|_{q,p}^{\pi_r} + \sup\limits_{r>0} \lambda\left(B_{(e,r)}\right)^{\frac{1}{\alpha}-\frac{1}{q}} \|g\|_{q,p}^{\pi_r},\end{aligned}$$

c'est-à-dire,

$$\|f + g\|_{q,p,\alpha} \leq \|f\|_{q,p,\alpha} + \|g\|_{q,p,\alpha}. \tag{2.4}$$

Donc, $(L^q, L^p)^\alpha(G)$ est un sous-espace vectoriel de $(L^q, L^p)(G)$.

b) Soit f un élément de $(L^q, L^p)^\alpha(G)$ tel que $\|f\|_{q,p,\alpha} = 0$.
D'après la définition de la norme $\|\cdot\|_{q,p,\alpha}$, nous avons $\|f\|_{q,p}^{\pi_r} = 0$ pour tout réel $r > 0$.
Et puisque $\|\cdot\|_{q,p}^{\pi_r}$ est une norme, $f = O$.

Les inégalités (2.3) et (2.4) permettent alors de conclure que l'application
$f \longmapsto \|f\|_{q,p,\alpha}$ est une norme sur $(L^q, L^p)^\alpha(G)$. ∎

Proposition 2.3.3 *Pour tout triplet (α, p, q) d'éléments de $[1\,;\,+\infty]$ avec $q \leq \alpha \leq p$, $\left((L^q, L^p)^\alpha(G), \|\cdot\|_{q,p,\alpha}\right)$ est un espace de Banach.*

Preuve : Soit $(f_n)_{n \in \mathbb{N}}$, une suite de Cauchy dans $(L^q, L^p)^\alpha(G)$.
Pour tous entiers naturels n et m, nous avons :

$$\|f_n - f_m\|_{q,p}^{\pi_1} \leq \|f_n - f_m\|_{q,p,\alpha}.$$

Par conséquent, $(f_n)_{n \in \mathbb{N}}$ est une suite de Cauchy dans l'espace de Banach $(L^q, L^p)(G)$; et par suite y converge vers un élément f.

De même $\left(\|f_n\|_{q,p,\alpha}\right)_{n \in \mathbb{N}}$ étant de Cauchy dans $\mathbb{R}$, y converge vers un réel $M \geq 0$.
Pour tout réel $r > 0$ et tout entier $m \geq 0$,

$$\begin{aligned}
\lambda\left(B_{(e,r)}\right)^{\frac{1}{\alpha} - \frac{1}{q}} \|f\|_{q,p}^{\pi_r} &= \lambda\left(B_{(e,r)}\right)^{\frac{1}{\alpha} - \frac{1}{q}} \|f_m - f_m + f\|_{q,p}^{\pi_r} \\
&\leq \lambda\left(B_{(e,r)}\right)^{\frac{1}{\alpha} - \frac{1}{q}} \|f_m\|_{q,p}^{\pi_r} + \lambda\left(B_{(e,r)}\right)^{\frac{1}{\alpha} - \frac{1}{q}} \|f_m - f\|_{q,p}^{\pi_r} \\
&\leq \|f_m\|_{q,p,\alpha} + \lambda\left(B_{(e,r)}\right)^{\frac{1}{\alpha} - \frac{1}{q}} \|f_m - f\|_{q,p}^{\pi_r}.
\end{aligned}$$

Donc pour tout réel $r > 0$,

$$\lambda\left(B_{(e,r)}\right)^{\frac{1}{\alpha} - \frac{1}{q}} \|f\|_{q,p}^{\pi_r} \leq \lim_{m \to +\infty} \left(\|f_m\|_{q,p,\alpha} + \lambda\left(B_{(e,r)}\right)^{\frac{1}{\alpha} - \frac{1}{q}} \|f_m - f\|_{q,p}^{\pi_r}\right) = M.$$

Ainsi,
$$\sup_{r > 0} \lambda\left(B_{(e,r)}\right)^{\frac{1}{\alpha} - \frac{1}{q}} \|f\|_{q,p}^{\pi_r} \leq M < +\infty.$$

Par conséquent, f est un élément de $(L^q, L^p)^\alpha(G)$.

Soit un réel $\varepsilon > 0$.

Il existe un entier naturel m_0 tel que pour tous entiers naturels $m' > m_0$ et $m'' > m_0$, nous ayons

$$\lambda\left(B_{(e,r)}\right)^{\frac{1}{\alpha} - \frac{1}{q}} \|f_{m'} - f_{m''}\|_{q,p}^{\pi_r} \leq \|f_{m'} - f_{m''}\|_{q,p,\alpha} < \varepsilon, \quad \forall r \in \mathbb{R}_+^*.$$

Donc, pour tout réel $r > 0$ et tout $m' > m_0$,

$$\lambda\left(B_{(e,r)}\right)^{\frac{1}{\alpha} - \frac{1}{q}} \|f_{m'} - f\|_{q,p}^{\pi_r} = \lim_{m'' \to +\infty} \lambda\left(B_{(e,r)}\right)^{\frac{1}{\alpha} - \frac{1}{q}} \|f_{m'} - f_{m''}\|_{q,p}^{\pi_r} < \varepsilon.$$

Par conséquent pour tout $m' > m_0$, $\|f_{m'} - f\|_{q,p,\alpha} < \varepsilon$.

Donc $(f_n)_{n \in \mathbb{N}}$ converge dans $(L^q, L^p)^\alpha(G)$ vers f. ∎

L'inégalité de Hölder s'étend sur les espaces $(L^q, L^p)^\alpha(G)$, comme le montre la proposition suivante :

Proposition 2.3.4 *Soient* (q_1, p_1, α_1) *et* (q_2, p_2, α_2) *deux éléments de* $[1\,;\,+\infty]^3$ *tels que* $q_1 \leq \alpha_1 \leq p_1$ *et* $q_2 \leq \alpha_2 \leq p_2$. *Si*

$$\frac{1}{q_1} + \frac{1}{q_2} = \frac{1}{q} \leq 1, \ \frac{1}{p_1} + \frac{1}{p_2} = \frac{1}{p} \leq 1 \ et \ \frac{1}{\alpha_1} + \frac{1}{\alpha_2} = \frac{1}{\alpha},$$

alors, pour tous éléments f et g de $L_0(G)$, nous avons :

$$\|fg\|_{q,p,\alpha} \leq \|f\|_{q_1,p_1,\alpha_1} \|g\|_{q_2,p_2,\alpha_2}.$$

Preuve : Soient f et g deux éléments de $L_0(G)$.

Nous pouvons supposer $\|fg\|_{q,p,\alpha} \neq 0$, $\|f\|_{q_1,p_1,\alpha_1} < +\infty$ et $\|g\|_{q_2,p_2,\alpha_2} < +\infty$; car dans le cas contraire, l'inégalité est triviale.

Soit r un réel strictement positif.

Pour tout élément E de π_r, nous avons :

$$\|fg\chi_E\|_q \leq \|f\chi_E\|_{q_1} \|g\chi_E\|_{q_2}.$$

D'où, en prenant la norme $\ell^p(\pi)$ des deux membres de l'inégalité, nous obtenons :

$$\|fg\|_{q,p}^{\pi_r} \leq \|f\|_{q_1,p_1}^{\pi_r} \|g\|_{q_2,p_2}^{\pi_r}. \tag{2.5}$$

Multiplions les deux membres de (2.5) par $\lambda\left(B_{(e,r)}\right)^{\frac{1}{\alpha}-\frac{1}{q}}$, en remarquant que

$$\frac{1}{\alpha} - \frac{1}{q} = \left(\frac{1}{\alpha_1} - \frac{1}{q_1}\right) + \left(\frac{1}{\alpha_2} - \frac{1}{q_2}\right).$$

Il vient que

$$\lambda\left(B_{(e,r)}\right)^{\frac{1}{\alpha}-\frac{1}{q}} \|fg\|_{q,p}^{\pi_r} \leq \left[\lambda\left(B_{(e,r)}\right)^{\frac{1}{\alpha_1}-\frac{1}{q_1}} \|f\|_{q_1,p_1}^{\pi_r}\right] \left[\lambda\left(B_{(e,r)}\right)^{\frac{1}{\alpha_2}-\frac{1}{q_2}} \|g\|_{q_2,p_2}^{\pi_r}\right].$$

Cela étant vrai pour tout réel $r > 0$, nous obtenons :

$$\|fg\|_{q,p,\alpha} \leq \|f\|_{q_1,p_1,\alpha_1} \|g\|_{q_2,p_2,\alpha_2}. \ \blacksquare$$

Dans le cadre particulier présent, la proposition 1.3.9 peut prendre la forme plus précise suivante :

Proposition 2.3.5 *Soient (p,q) un élément de $[1\,;\,+\infty]^2$, r un réel strictement positif et f un élément de $(L^q, L^p)(G)$. Alors,*

i) pour tout élément x de G, l'ensemble

$$T_x = \left\{ E \in \pi_r \ / \ B_{(x,r)} \cap E \neq \varnothing \right\} \tag{2.6}$$

est fini et $\operatorname{card} T_x < (4\gamma^4 + 3\gamma^2)^\rho$,

ii)
$$\|f\|_{q,+\infty}^{\pi_r} \leq {}_{B_{(e,r)}} \|f\|_{q,+\infty} \leq \left(4\gamma^5 + 3\gamma^3 + 2\gamma^2\right)^\rho \|f\|_{q,+\infty}^{\pi_r}, \qquad (2.7)$$

iii) si $q \leq p < +\infty$, alors
$$\|f\|_{q,p}^{\pi_r} \leq \left(\frac{r}{4\gamma^2}\right)^{-\frac{\rho}{p}} {}_{B_{(e,r)}} \|f\|_{q,p} \qquad (2.8)$$

et
$$_{B_{(e,r)}} \|f\|_{q,p} \leq \left(\frac{r}{2\gamma}\right)^{\frac{\rho}{p}} \left(4\gamma^4 + 3\gamma^2\right)^{\frac{\rho}{q}} \left(4\gamma^5 + 3\gamma^3 + 2\gamma^2\right)^{\frac{\rho}{p}} \|f\|_{q,p}^{\pi_r}. \qquad (2.9)$$

Preuve : Posons
$$B_1 = B_{\left(e, \frac{r}{4\gamma^2}\right)}, B_2 = B^2_{\left(e, \frac{r}{4\gamma^2}\right)} \text{ et } B = B_{(e,r)}.$$

Remarquons que :
$$B_1^2 B \left(B_1^2\right)^{-1} B_1 \subset B_{\left(e, r(\gamma^3 + \frac{3}{4}\gamma + \frac{1}{2})\right)} \text{ et } B \left(B_1^2\right)^{-1} B_1 \subset B_{\left(e, r(\gamma^2 + \frac{3}{4})\right)}.$$

D'après la relation (1.5) de la proposition 1.3.3 et les propriétés de la mesure λ, nous avons :

$$n_{\pi_r}\left(B_1^2, B_1^2 B\right) < \frac{\lambda\left(B_{\left(e, r(\gamma^3 + \frac{3}{4}\gamma + \frac{1}{2})\right)}\right)}{\lambda\left(B_{\left(e, \frac{r}{4\gamma^2}\right)}\right)} = \frac{\left(r(\gamma^3 + \frac{3}{4}\gamma + \frac{1}{2})\right)^\rho}{\left(\frac{r}{4\gamma^2}\right)^\rho} = \left(4\gamma^5 + 3\gamma^3 + 2\gamma^2\right)^\rho,$$

$$n_{\pi_r}\left(B_1^2, B\right) < \frac{\lambda\left(B_{\left(e, r(\gamma^2 + \frac{3}{4})\right)}\right)}{\lambda\left(B_{\left(e, \frac{r}{4\gamma^2}\right)}\right)} = \left(4\gamma^4 + 3\gamma^2\right)^\rho,$$

$$\lambda(B) = r^\rho, \ \lambda(B_1) = \left(\frac{r}{4\gamma^2}\right)^\rho \text{ et } \lambda(B_2) = \left(\frac{r}{2\gamma}\right)^\rho.$$

Le résultat annoncé s'obtient en reprenant la démonstration de la proposition 1.3.9 et en tenant compte des précisions ci-dessus. ∎

Nous donnons à présent une norme, équivalente à $\|\cdot\|_{q,p,\alpha}$ sur $(L^q, L^p)^\alpha (G)$, plus facile à manipuler dans notre contexte.

Proposition 2.3.6 *Soit (p, q, α) un élément de $[1\,; +\infty]^3$, avec $1 \leq q \leq \alpha \leq p \leq +\infty$.*

Il existe deux constantes C_1 et C_2 telles que pour tout f élément de $(L^q, L^p)(G)$, nous ayons :
$$C_1 \|f\|_{q,p,\alpha} \leq \sup_{r>0} \lambda\left(B_{(e,r)}\right)^{\frac{1}{\alpha} - \frac{1}{q} - \frac{1}{p}} {}_{B_{(e,r)}} \|f\|_{q,p} \leq C_2 \|f\|_{q,p,\alpha}.$$

Preuve : Soit un élément f de $(L^q, L^p)(G)$.

1er cas : Supposons que $p = +\infty$.
D'après la relation (2.7) de la proposition 2.3.5,

$$\|f\|_{q,+\infty}^{\pi_r} \leq \ _{B_{(e,r)}}\|f\|_{q,+\infty} \leq C_2 \|f\|_{q,+\infty}^{\pi_r}, \ \forall r \in \mathbb{R}_+^*,$$

avec $C_2 = (4\gamma^5 + 3\gamma^3 + 2\gamma^2)^\rho$.
Si $q = \alpha$, alors

$$\sup_{r>0} \|f\|_{q,+\infty}^{\pi_r} \leq \sup_{r>0} \ _{B_{(e,r)}}\|f\|_{q,+\infty} \leq C_2 \sup_{r>0} \|f\|_{q,+\infty}^{\pi_r}, \ \forall r \in \mathbb{R}_+^*.$$

Par conséquent,

$$\|f\|_{q,+\infty,q} \leq \sup_{r>0} \ _{B_{(e,r)}}\|f\|_{q,+\infty} \leq C_2 \|f\|_{q,+\infty,q}.$$

Si $q < \alpha \leq +\infty$ alors

$$\lambda\left(B_{(e,r)}\right)^{\frac{1}{\alpha}-\frac{1}{q}} \|f\|_{q,+\infty}^{\pi_r} \leq \lambda\left(B_{(e,r)}\right)^{\frac{1}{\alpha}-\frac{1}{q}} \ _{B_{(e,r)}}\|f\|_{q,+\infty} \leq C_2 \lambda\left(B_{(e,r)}\right)^{\frac{1}{\alpha}-\frac{1}{q}} \|f\|_{q,+\infty}^{\pi_r}, \forall r \in \mathbb{R}_+^*.$$

Ce qui permet de dire que

$$\sup_{r>0} \lambda\left(B_{(e,r)}\right)^{\frac{1}{\alpha}-\frac{1}{q}} \|f\|_{q,+\infty}^{\pi_r} \leq \sup_{r>0} \lambda\left(B_{(e,r)}\right)^{\frac{1}{\alpha}-\frac{1}{q}} \ _{B_{(e,r)}}\|f\|_{q,+\infty}$$
$$\leq C_2 \sup_{r>0} \lambda\left(B_{(e,r)}\right)^{\frac{1}{\alpha}-\frac{1}{q}} \|f\|_{q,+\infty}^{\pi_r},$$

c'est-à-dire,

$$\|f\|_{q,+\infty,\alpha} \leq \sup_{r>0} \lambda\left(B_{(e,r)}\right)^{\frac{1}{\alpha}-\frac{1}{q}} \ _{B_{(e,r)}}\|f\|_{q,+\infty} \leq C_2 \|f\|_{q,+\infty,\alpha}.$$

$2^{\text{ème}}$ cas : Supposons que $p < +\infty$.
Les relations (2.8) et (2.9) de la proposition 2.3.5, nous permettent d'écrire que

$$C_1 \|f\|_{q,p}^{\pi_r} \leq \lambda\left(B_{(e,r)}\right)^{-\frac{1}{p}} \ _{B_{(e,r)}}\|f\|_{q,p} \leq C_2 \|f\|_{q,p}^{\pi_r}, \ \forall r \in \mathbb{R}_+^*,$$

avec $\quad C_1 = \left(\dfrac{1}{4\gamma^2}\right)^{\frac{\ell}{p}}$ et $C_2 = \left(\dfrac{1}{2\gamma}\right)^{\frac{\ell}{p}} (4\gamma^4 + 3\gamma^2)^{\frac{\ell}{p}} (4\gamma^5 + 3\gamma^3 + 2\gamma^2)^{\frac{\ell}{p}}$.
De sorte que :

$$C_1 \lambda\left(B_{(e,r)}\right)^{\frac{1}{\alpha}-\frac{1}{q}} \|f\|_{q,p}^{\pi_r} \leq \lambda\left(B_{(e,r)}\right)^{\frac{1}{\alpha}-\frac{1}{q}-\frac{1}{p}} \ _{B_{(e,r)}}\|f\|_{q,p} \leq C_2 \lambda\left(B_{(e,r)}\right)^{\frac{1}{\alpha}-\frac{1}{q}} \|f\|_{q,p}^{\pi_r}, \forall r \in \mathbb{R}_+^*.$$

D'où,

$$C_1 \|f\|_{q,p,\alpha} \leq \sup_{r>0} \lambda\left(B_{(e,r)}\right)^{\frac{1}{\alpha}-\frac{1}{q}-\frac{1}{p}} \ _{B_{(e,r)}}\|f\|_{q,p} \leq C_2 \|f\|_{q,p,\alpha}. \blacksquare$$

2.4 Quelques sous-ensembles de $(L^q, L^p)^\alpha (G)$

Proposition 2.4.1 *Soient q un élément de $[1\,;\,+\infty[$ et f un élément de $(L^q, L^{+\infty})(G)$.*

$$\lim_{r\to+\infty} {}_{B_{(e,r)}}\|f\|_{q,+\infty} = \|f\|_q = \sup_{r>0} {}_{B_{(e,r)}}\|f\|_{q,+\infty}.$$

Preuve : Soient f un élément de $(L^q, L^{+\infty})(G)$, y un élément de G et r un réel strictement positif.

$$\left\|f\chi_{yB_{(e,r)}}\right\|_q = \left[\int_{yB_{(e,r)}} |f(t)|^q\, d\lambda(t)\right]^{\frac{1}{q}} \leq \left[\int_G |f(t)|^q\, d\lambda(t)\right]^{\frac{1}{q}} = \|f\|_q.$$

Donc pour tout réel $r > 0$,

$$_{B_{(e,r)}}\|f\|_{q,+\infty} = \sup_{y\in G} \left\|f\chi_{yB_{(e,r)}}\right\|_q \leq \|f\|_q.$$

Par conséquent,

$$\sup_{r>0} {}_{B_{(e,r)}}\|f\|_{q,+\infty} = \lim_{r\to+\infty} {}_{B_{(e,r)}}\|f\|_{q,+\infty} \leq \|f\|_q.$$

Si $\sup_{r>0} {}_{B_{(e,r)}}\|f\|_{q,+\infty} = +\infty$, alors l'égalité s'ensuit.

Supposons que $\sup_{r>0} {}_{B_{(e,r)}}\|f\|_{q,+\infty} = M < +\infty$. Pour tout réel $r > 0$, nous avons :

$$_{B_{(e,r)}}\|f\|_{q,+\infty} \leq M.$$

Cela signifie que pour $\lambda-$presque tout y dans G et pour tout réel $r > 0$,

$$\int_{B_{(e,r)}} |y^{-1}f(t)|^q\, d\lambda(t) \leq M^q.$$

D'où

$$\|f\|_q \leq M = \sup_{r>0} {}_{B_{(e,r)}}\|f\|_{q,+\infty},$$

puisque $\sup_{r>0} \int_{B_{(e,r)}} |y^{-1}f(t)|^q\, d\lambda(t) = \|y^{-1}f\|_q^q = \|f\|_q^q.$ ∎

Dans les propositions qui suivent, nous examinons les relations entre les espaces $(L^q, L^p)^\alpha(G)$ et ceux de Lebesgue et de Lebesgue faible. Nous justifions aussi la condition $q \leq \alpha \leq p$ que nous utilisons dans la définition des espaces $(L^q, L^p)^\alpha(G)$.

Proposition 2.4.2 *Si p, q et α sont des éléments de $[1\,;\,+\infty]$ tels que $q \leq \alpha \leq p$, alors pour tout élément f de $L_0(G)$,*

$$\|f\|_{q,p,\alpha} \leq \|f\|_\alpha.$$

Preuve : Soit f un élément de $L_0(G)$.

1er cas : Supposons que $p = +\infty$.

Si $q = \alpha$ alors, pour tout réel $r > 0$,
$$\|f\chi_E\|_q \leq \|f\|_q = \|f\|_\alpha, \ \forall E \in \pi_r.$$

Donc,
$$\|f\|_{q,+\infty}^{\pi_r} = \sup_{E \in \pi_r} \|f\chi_E\|_q \leq \|f\|_\alpha.$$

Si $q < \alpha \leq +\infty$, alors pour tout réel $r > 0$,
$$\|f\chi_E\|_q \leq \lambda(E)^{\frac{1}{q}-\frac{1}{\alpha}} \|f\chi_E\|_\alpha \leq \lambda(B_{(e,r)})^{\frac{1}{q}-\frac{1}{\alpha}} \|f\chi_E\|_\alpha \leq \lambda(B_{(e,r)})^{\frac{1}{q}-\frac{1}{\alpha}} \|f\|_\alpha \ \forall E \in \pi_r,$$

et par conséquent :
$$\|f\|_{q,+\infty}^{\pi_r} = \sup_{E \in \pi_r} \|f\chi_E\|_q \leq \lambda(B_{(e,r)})^{\frac{1}{q}-\frac{1}{\alpha}} \|f\|_\alpha, \ \forall r \in \mathbb{R}_+^*,$$

$$\lambda(B_{(e,r)})^{\frac{1}{\alpha}-\frac{1}{q}} \|f\|_{q,+\infty}^{\pi_r} \leq \|f\|_\alpha, \ \forall r \in \mathbb{R}_+^*,$$

$$\|f\|_{q,+\infty,\alpha} = \sup_{r>0} \lambda(B_{(e,r)})^{\frac{1}{\alpha}-\frac{1}{q}} \|f\|_{q,+\infty}^{\pi_r} \leq \|f\|_\alpha.$$

$2^{\text{ème}}$ cas : Supposons que $p < +\infty$.

Soit r un réel strictement positif.

Puisque pour tout élément E de π_r nous avons
$$\|f\chi_E\|_q \leq \lambda(E)^{\frac{1}{q}-\frac{1}{\alpha}} \|f\chi_E\|_\alpha \leq \lambda(B_{(e,r)})^{\frac{1}{q}-\frac{1}{\alpha}} \|f\chi_E\|_\alpha,$$

il s'ensuit que
$$\sum_{E \in \pi_r} \left(\|f\chi_E\|_q\right)^p \leq \lambda(B_{(e,r)})^{\frac{p}{q}-\frac{p}{\alpha}} \left[\sum_{E \in \pi_r} (\|f\chi_E\|_\alpha)^p\right]$$
$$\leq \lambda(B_{(e,r)})^{\frac{p}{q}-\frac{p}{\alpha}} \left[\sum_{E \in \pi_r} (\|f\chi_E\|_\alpha)^\alpha\right]^{\frac{p}{\alpha}}$$
$$\leq \lambda(B_{(e,r)})^{\frac{p}{q}-\frac{p}{\alpha}} \|f\|_\alpha^p ;$$

c'est-à-dire
$$\|f\|_{q,p}^{\pi_r} \leq \lambda(B_{(e,r)})^{\frac{1}{q}-\frac{1}{\alpha}} \|f\|_\alpha.$$

Ainsi, pour tout réel $r > 0$,
$$\lambda(B_{(e,r)})^{\frac{1}{\alpha}-\frac{1}{q}} \|f\|_{q,p}^{\pi_r} \leq \|f\|_\alpha.$$

Par conséquent,
$$\sup_{r>0} \lambda(B_{(e,r)})^{\frac{1}{\alpha}-\frac{1}{q}} \|f\|_{q,p}^{\pi_r} \leq \|f\|_\alpha. \ \blacksquare$$

2. ETUDE DES ESPACES $(L^Q, L^P)^\alpha (G)$

Il ressort de cette proposition que $L^\alpha(G) \subset (L^q, L^p)^\alpha(G)$ pour $1 \leq q \leq \alpha \leq p \leq +\infty$. Dans les propositions 2.4.3, 2.4.4 et 2.4.5, nous montrons que cette inclusion devient une égalité si $\alpha = q$ où $\alpha = p$.

Proposition 2.4.3 *Soit q un élément de $[1\,;\,+\infty]$. Pour tout élément f de $L_0(G)$, nous avons*

$$\left(4\gamma^5 + 3\gamma^3 + 2\gamma^2\right)^{-\rho} \|f\|_q \leq \|f\|_{q,+\infty,q} \leq \|f\|_q.$$

Preuve : Soit f un élément de $L_0(G)$, d'après la proposition 2.4.2

$$\|f\|_{q,+\infty,q} \leq \|f\|_q.$$

Pour tout réel $r > 0$, nous avons d'après la relation (2.7) de la proposition 2.3.5,

$$_{B_{(e,r)}}\|f\|_{q,+\infty} \leq \left(4\gamma^5 + 3\gamma^3 + 2\gamma^2\right)^{\rho} \|f\|_{q,+\infty}^{\pi_r}.$$

Donc

$$\sup_{r>0} {}_{B_{(e,r)}}\|f\|_{q,+\infty} \leq \left(4\gamma^5 + 3\gamma^3 + 2\gamma^2\right)^{\rho} \|f\|_{q,+\infty,q}.$$

Or d'après la proposition 2.4.1

$$\|f\|_q = \sup_{r>0} {}_{B_{(e,r)}}\|f\|_{q,+\infty}.$$

D'où

$$\left(4\gamma^5 + 3\gamma^3 + 2\gamma^2\right)^{-\rho} \|f\|_q \leq \|f\|_{q,+\infty,q} \leq \|f\|_q. \blacksquare$$

Proposition 2.4.4 *Soient p et q deux éléments de $[1\,;\,+\infty]$, tels que $q \leq p < +\infty$. Pour tout élément f de $L_0(G)$, nous avons*

$$\|f\|_{q,p,q} \leq \|f\|_q \leq \left(4\gamma^4 + 3\gamma^2\right)^{\frac{\rho(p-q)}{pq}} \|f\|_{q,p,q}.$$

Preuve : Soit f un élément de $L_0(G)$.
D'après la proposition 2.4.2,

$$\|f\|_{q,p,q} \leq \|f\|_q.$$

Si $p = q$, alors

$$\|f\|_{q,q,q} = \sup_{r>0} \|f\|_{q,q}^{\pi_r} = \|f\|_q \text{ ; car } \|f\|_{q,q}^{\pi_r} = \|f\|_q \, (voir\ [2]). \qquad (2.10)$$

Supposons que $q < p$. Pour tout réel $r > 0$,

$$\begin{aligned}\left\|f\chi_{B_{(e,r)}}\right\|_q^q &= \int_G |f(x)|^q \chi_{B_{(e,r)}}(x)d\lambda(x) = \sum_{E\in\pi_r} \int_E |f(x)|^q \chi_{B_{(e,r)}}(x)d\lambda(x) \\ &= \sum_{E\in T_e} \int_G |(f\chi_E)(x)|^q \chi_{B_{(e,r)}}(x)d\lambda(x) \\ &\leq \sum_{E\in T_e} \|f\chi_E\|_q^q \leq (4\gamma^4+3\gamma^2)^{\frac{\rho(p-q)}{p}} \left[\sum_{E\in T_e} \|f\chi_E\|_q^p\right]^{\frac{q}{p}}.\end{aligned}$$

Donc pour tout réel strictement positif r,

$$\left\|f\chi_{B_{(e,r)}}\right\|_q \leq \left(4\gamma^4+3\gamma^2\right)^{\frac{\rho(p-q)}{pq}} \|f\|_{q,p}^{\pi_r}. \tag{2.11}$$

D'où

$$\|f\|_q = \sup_{r>0}\left\|f\chi_{B_{(e,r)}}\right\|_q \leq \left(4\gamma^4+3\gamma^2\right)^{\frac{\rho(p-q)}{pq}} \sup_{r>0} \|f\|_{q,p}^{\pi_r} = \left(4\gamma^4+3\gamma^2\right)^{\frac{\rho(p-q)}{pq}} \|f\|_{q,p,q}.$$

Ainsi,
$$\|f\|_{q,p,q} \leq \|f\|_q \leq \left(4\gamma^4+3\gamma^2\right)^{\frac{\rho(p-q)}{pq}} \|f\|_{q,p,q}. \blacksquare$$

Proposition 2.4.5 *Soient p et q deux éléments de $[1\,;\,+\infty]$ tels que $q \leq p$, et f un élément de $L_0(G)$.*

i) Si $q < p = +\infty$ alors,

$$\|f\|_{q,+\infty,+\infty} \leq \|f\|_{+\infty} \leq \left(4\gamma^5+3\gamma^3+2\gamma^2\right)^\rho \|f\|_{q,+\infty,+\infty}.$$

ii) Si $1 \leq q < p < +\infty$ alors,

$$\|f\|_{q,p,p} \leq \|f\|_p \leq \left(4\gamma^4+3\gamma^2\right)^{\frac{\rho}{q}} \left(\frac{4\gamma^4+3\gamma^2+2\gamma}{2}\right)^{\frac{\rho}{p}} \|f\|_{q,p,p}.$$

Preuve : Soit f un élément de $L_0(G)$.
D'après la proposition 2.4.2,

$$\|f\|_{q,p,p} \leq \|f\|_p.$$

Si $p = q$, alors d'après (2.10), nous avons $\|f\|_{q,p,p} = \|f\|_p$.
Si $\|f\|_{q,p,p} = +\infty$, alors trivialement $\|f\|_{q,p,p} = \|f\|_p$.
Nous supposons donc que $p \neq q$ et que $\|f\|_{q,p,p} < +\infty$.

1er cas : Supposons que $q < p = +\infty$. Pour tout réel $r > 0$,

$$\lambda\left(B_{(e,r)}\right)^{-\frac{1}{q}} \|f\|_{q,+\infty}^{\pi_r} \leq \|f\|_{q,+\infty,+\infty} < +\infty, \tag{2.12}$$

et d'après la relation (2.7) de la proposition 2.3.5,

$$_{B_{(e,r)}}\|f\|_{q,+\infty} \leq \left(4\gamma^5+3\gamma^3+2\gamma^2\right)^\rho \|f\|_{q,+\infty}^{\pi_r}. \tag{2.13}$$

2. ETUDE DES ESPACES $(L^Q, L^P)^\alpha(G)$

Il s'ensuit que

$$\begin{cases} \lambda\left(B_{(e,r)}\right)^{-\frac{1}{q}} {}_{B_{(e,r)}}\|f\|_{q,+\infty} \leq (4\gamma^5+3\gamma^3+2\gamma^2)^\rho \, \lambda\left(B_{(e,r)}\right)^{-\frac{1}{q}} \|f\|_{q,+\infty}^{\pi_r} \\ \lambda\left(B_{(e,r)}\right)^{-\frac{1}{q}} \|f\|_{q,+\infty}^{\pi_r} \leq \|f\|_{q,+\infty,+\infty} < +\infty \end{cases}.$$

Ainsi pour λ−presque tout élément y de G,

$$\lambda\left(B_{(e,r)}\right)^{-\frac{1}{q}} \left[|f|^q * \chi_{B_{(e,r)}}\right]^{\frac{1}{q}}(y) \leq (4\gamma^5+3\gamma^3+2\gamma^2)^\rho \|f\|_{q,+\infty,+\infty}.$$

Puisque

$$\lambda\left(B_{(e,r)}\right)^{-\frac{1}{q}} \left[|f|^q * \chi_{B_{(e,r)}}\right]^{\frac{1}{q}}(y) = \left[\frac{1}{\lambda\left(B_{(e,r)}\right)}\int_{B_{(y,r)}} |f(t)|^q \, d\lambda(t)\right]^{\frac{1}{q}} \quad \forall y \in G,$$

et

$$\lim_{r \to 0}\left[\frac{1}{\lambda\left(B_{(e,r)}\right)}\int_{B_{(y,r)}} |f(t)|^q \, d\lambda(t)\right]^{\frac{1}{q}} = |f(y)|,$$

pour λ−presque tout y dans G, nous obtenons :

$$|f(y)| \leq (4\gamma^5+3\gamma^3+2\gamma^2)^\rho \|f\|_{q,+\infty,+\infty},$$

pour λ−presque tout élément y de G.

D'où,

$$\|f\|_{+\infty} \leq (4\gamma^5+3\gamma^3+2\gamma^2)^\rho \|f\|_{q,+\infty,+\infty}.$$

2ème cas : Supposons que $q < p < +\infty$.

Pour tout réel $r > 0$, nous avons :

$${}_{B_{(e,r)}}\|f\|_{q,p} \leq \lambda\left(B_{(e,\frac{r}{2\gamma})}\right)^{\frac{1}{p}} (4\gamma^4+3\gamma^2)^{\frac{\rho}{q}} (4\gamma^5+3\gamma^3+2\gamma^2)^{\frac{\rho}{p}} \|f\|_{q,p}^{\pi_r},$$

d'après la relation (2.9) de la proposition 2.3.5.

Ainsi, pour tout réel strictement positif r,

$$\begin{aligned} \lambda\left(B_{(e,r)}\right)^{-\frac{1}{q}} {}_{B_{(e,r)}}\|f\|_{q,p} &\leq (4\gamma^4+3\gamma^2)^{\frac{\rho}{q}}\left(\frac{4\gamma^4+3\gamma^2+2\gamma}{2}\right)^{\frac{\rho}{p}} \lambda\left(B_{(e,r)}\right)^{\frac{1}{p}-\frac{1}{q}}\|f\|_{q,p}^{\pi_r} \\ &\leq (4\gamma^4+3\gamma^2)^{\frac{\rho}{q}}\left(\frac{4\gamma^4+3\gamma^2+2\gamma}{2}\right)^{\frac{\rho}{p}} \|f\|_{q,p,p}. \end{aligned}$$

Posons :

$$f_r(x) = \left[\frac{1}{\lambda\left(B_{(e,r)}\right)} \int_{B_{(x,r)}} |f(t)|^q \, d\lambda(t)\right]^{\frac{p}{q}}.$$

Nous avons pour λ−presque tout x dans G,
$$\lim_{r\to 0^+} f_r(x) = |f(x)|^p.$$
De plus, pour tout réel $r > 0$ nous avons $f_r(x) \geq 0$ et

$$\begin{aligned}
\left[\int_G f_r(x) d\lambda(x)\right]^{\frac{1}{p}} &= \left\{\int_G \left[\frac{1}{\lambda\left(B_{(e,r)}\right)} \int_{B_{(x,r)}} |f(t)|^q d\lambda(t)\right]^{\frac{p}{q}}\right\}^{\frac{1}{p}} \\
&= \frac{1}{\lambda\left(B_{(e,r)}\right)^{\frac{1}{q}}} \left\{\int_G \left[\int_G |f(t)|^q \chi_{B_{(x,r)}}(t) d\lambda(t)\right]^{\frac{p}{q}}\right\}^{\frac{1}{p}} \\
&= \lambda\left(B_{(e,r)}\right)^{-\frac{1}{q}} {}_{B_{(e,r)}} \|f\|_{q,p} \\
&\leq (4\gamma^4 + 3\gamma^2)^{\frac{p}{q}} \left(\frac{4\gamma^4 + 3\gamma^2 + 2\gamma}{2}\right)^{\frac{p}{p}} \|f\|_{q,p,p}.
\end{aligned}$$

D'où, d'après le lemme de Fatou, $|f|^p$ est intégrable et
$$\|f\|_p \leq (4\gamma^4 + 3\gamma^2)^{\frac{p}{q}} \left(\frac{4\gamma^4 + 3\gamma^2 + 2\gamma}{2}\right)^{\frac{p}{p}} \|f\|_{q,p,p}. \blacksquare$$

Nous situant maintenant dans le cas où $q < \alpha < p$ nous montrons dans les propositions 2.4.6 et 3.2.8, que $L^{\alpha,+\infty}(G) \subsetneq (L^q, L^p)^\alpha(G)$.

Proposition 2.4.6 *Soit (q, p, α) un élément de $[1\,;\, +\infty]^3$ avec $q < \alpha < p$. Il existe une constante $C = C(q, p, \alpha, \rho)$ telle que*
$$\|f\|_{q,p,\alpha} \leq C \|f\|_{\alpha,+\infty}^*,\ \forall f \in L_0(G).$$

Preuve : Soit f un élément de $L_0(G)$.

Nous pouvons supposer que f est un élément de $L^{\alpha,+\infty}(G)$, car dans le cas contraire l'inégalité est triviale.

1er **cas :** Supposons que $p = +\infty$. Pour tout réel $r > 0$ et pour λ−presque tout x dans G, nous avons
$$\left(|f|^q * \chi_{B_{(e,r)}}\right)(x) = \int_G |f(t)|^q \chi_{B_{(x,r)}}(t) d\lambda(t) = \left\|f\chi_{B_{(x,r)}}\right\|_q^q.$$

Puisque $1 \leq q < \alpha$, nous avons d'après la condition de Kolmogorov [9],
$$\left\|f\chi_{B_{(x,r)}}\right\|_q \leq \left(\frac{\alpha}{\alpha-q}\right)^{\frac{1}{q}} \|f\|_{\alpha,+\infty}^* \lambda\left(B_{(e,r)}\right)^{\frac{1}{q}-\frac{1}{\alpha}}.$$

Par conséquent, pour λ−presque tout x dans G, nous avons :
$$\left(|f|^q * \chi_{B_{(e,r)}}\right)(x) \leq \left[\left(\frac{\alpha}{\alpha-q}\right)^{\frac{1}{q}} \|f\|_{\alpha,+\infty}^* \lambda\left(B_{(e,r)}\right)^{\frac{1}{q}-\frac{1}{\alpha}}\right]^q.$$

Donc,
$$\left\|\left(|f|^q * \chi_{B_{(e,r)}}\right)^{\frac{1}{q}}\right\|_{+\infty} \leq \left(\frac{\alpha}{\alpha-q}\right)^{\frac{1}{q}} \|f\|_{\alpha,+\infty}^* \lambda\left(B_{(e,r)}\right)^{\frac{1}{q}-\frac{1}{\alpha}} ;$$

ce qui peut encore s'écrire :
$$\lambda\left(B_{(e,r)}\right)^{\frac{1}{\alpha}-\frac{1}{q}} {}_{B_{(e,r)}} \|f\|_{q,+\infty} \leq \left(\frac{\alpha}{\alpha-q}\right)^{\frac{1}{q}} \|f\|_{\alpha,+\infty}^*.$$

D'où,
$$\|f\|_{q,+\infty,\alpha} \leq \left(\frac{\alpha}{\alpha-q}\right)^{\frac{1}{q}} \|f\|_{\alpha,+\infty}^*.$$

2ème cas : Supposons que $p < +\infty$.

Posons $\beta = \left(1 + \frac{q}{p} - \frac{q}{\alpha}\right)^{-1}$.

Alors,
$$1 < \beta < +\infty,\ 1 < \frac{\alpha}{q} < +\infty \text{ et } \frac{q}{p} = \frac{1}{\beta} + \frac{q}{\alpha} - 1.$$

Considérons un nombre réel $r > 0$.

Puisque $|f|^q$ est un élément de $L^{\frac{\alpha}{q},+\infty}(G)$ et $\chi_{B_{(e,r)}}$ un élément de $L^\beta(G)$,
$$|f|^q * \chi_{B_{(e,r)}} \in L^{\frac{p}{q}}(G),$$

et d'après le théorème 1.2.2,
$$\left\||f|^q * \chi_{B_{(e,r)}}\right\|_{\frac{p}{q}} \leq C \left(\|f\|_{\alpha,+\infty}^*\right)^q \lambda\left(B_{(e,r)}\right)^{\frac{1}{\beta}}.$$

En remarquant que $\dfrac{1}{\beta q} = \dfrac{1}{q} + \dfrac{1}{p} - \dfrac{1}{\alpha}$, nous avons
$$\left\||f|^q * \chi_{B_{(e,r)}}\right\|_{\frac{p}{q}}^{\frac{1}{q}} \leq C \|f\|_{\alpha,+\infty}^* \lambda\left(B_{(e,r)}\right)^{\frac{1}{q}+\frac{1}{p}-\frac{1}{\alpha}} ;$$

ce qui peut encore s'écrire,
$$\lambda\left(B_{(e,r)}\right)^{\frac{1}{\alpha}-\frac{1}{p}-\frac{1}{q}} {}_{B_{(e,r)}} \|f\|_{q,p} \leq C \|f\|_{\alpha,+\infty}^*.$$

D'où
$$\|f\|_{q,p,\alpha} \leq C \sup_{r>0} \lambda\left(B_{(e,r)}\right)^{\frac{1}{\alpha}-\frac{1}{p}-\frac{1}{q}} {}_{B_{(e,r)}} \|f\|_{q,p} \leq C \|f\|_{\alpha,+\infty}^*,$$

d'après la proposition 2.3.6. ∎

Proposition 2.4.7 *Soit un nombre réel $\alpha > 1$. Considérons dans G une famille de boules*

$$\left\{ B_{\left(x_j^n, 2^{-n-1}\right)} \,/\, 1 \leq j \leq E\left(2^{\rho(n+1)}\right) + 1 \,;\, n \in \mathbb{N}^* \right\},$$

où $E\left(2^{\rho(n+1)}\right)$ désigne la partie entière de $2^{\rho(n+1)}$, vérifiant les conditions suivantes :

(i) $\left|(x_k^1)^{-1} x_j^1\right| > \gamma \left(1 + \gamma + 2\gamma^2\right) 2^{\frac{2}{\alpha-1}}$, $\forall (k,j) \in \{1; 2; 3; \ldots; E(2^{2\rho}) + 1\}^2$, $j \neq k$;

(ii) Pour tout entier naturel $n > 1$,

$$\left|(x_k^n)^{-1} x_j^n\right| > \gamma \left(1 + \gamma + 2\gamma^2\right) 2^{\frac{n+1}{\alpha-1}}, \ \forall (k,j) \in \left\{1; 2; 3; \ldots; E\left(2^{\rho(n+1)}\right) + 1\right\}^2, \ j \neq k \quad (2.14)$$

et

$\forall (m, k, j) \in \{1; 2; 3; \ldots; n\} \times \{1; 2; 3; \ldots; E\left(2^{\rho(n+1)}\right) + 1\} \times \{1; 2; 3; \ldots; E\left(2^{\rho(m+1)}\right) + 1\}$, $(j, m) \neq (k, n)$,

$$\left|(x_k^n)^{-1} x_j^m\right| > 2\gamma^2 \left| 2^{2^{\rho(n+1)}+1} + 2^{k-n} + 2^{-n-1} - 2^{2^{\rho(m+1)}+1} - 2^{j-m} - 2^{-m-1} \right|. \quad (2.15)$$

Posons

$$E_n = \bigcup_{j=1}^{E\left(2^{\rho(n+1)}\right)+1} B_{\left(x_j^n, 2^{-n-1}\right)}, \ E = \bigcup_{n \geq 1} E_n \ \text{et} \ f = \chi_E.$$

Alors pour tout nombre réel $p > \alpha$, f est un élément de $(L^1, L^p)^\alpha (G)$ qui n'est pas dans $L^{\alpha, +\infty}(G)$.

Preuve : 1) La famille $\left\{ B_{\left(x_j^n, 2^{-n-1}\right)} \,/\, 1 \leq j \leq E\left(2^{\rho(n+1)}\right) + 1;\, n \in \mathbb{N}^* \right\}$ est composée de boules deux à deux disjointes.

En effet, soient m et n deux entiers naturels non nuls vérifiant $m \geq n$, un élément (k, j) de $\{1; 2; 3; \ldots; E\left(2^{\rho(n+1)}\right) + 1\} \times \{1; 2; 3; \ldots; E\left(2^{\rho(m+1)}\right) + 1\}$ tels que $k \neq j$ ou $m \neq n$.

Supposons que a est un élément de $B_{\left(x_j^n, 2^{-n-1}\right)} \cap B_{\left(x_k^m, 2^{-m-1}\right)}$.

Nous avons, d'après (2.15),

$$\begin{aligned}
\gamma 2^{-n} &< 2\gamma^2 2^{-n} \\
&< 2\gamma^2 \left(2^{2^{\rho(m+1)}+1} + 2^{j-m} + 2^{-m-1} - 2^{2^{\rho(n+1)}+1} - 2^{k-n} - 2^{-n-1} \right) \\
&< \left|(x_k^n)^{-1} x_j^m\right|.
\end{aligned}$$

Or

$$\left|(x_k^n)^{-1} x_j^m\right| \leq \gamma \left(\left|(x_k^n)^{-1} a\right| + \left|a^{-1} x_j^m\right| \right) < \gamma 2^{-n}.$$

D'où la contradiction.

Par conséquent $(E_n)_{n \geq 1}$ est une famille d'ensembles deux à deux disjoints.

2. ETUDE DES ESPACES $(L^Q, L^P)^\alpha (G)$

Ainsi nous avons

$$\lambda(E) = \sum_{n\geq 1} \lambda(E_n) = \sum_{n\geq 1} \sum_{j=1}^{E(2^{\rho(n+1)})+1} \lambda\left(B_{\left(x_j^n, 2^{-n-1}\right)}\right) = \sum_{n\geq 1} \left[E\left(2^{\rho(n+1)}\right) + 1\right] \left(2^{-n-1}\right)^\rho = +\infty.$$

$$f^*(t) = \inf\left\{s > 0, \lambda(\{x \in G \ / \ |f(x)| > s\}) \leq t\right\} = 1, \ \forall t \in \mathbb{R}_+^*.$$

D'où,
$$\|f\|_{\alpha,+\infty}^* = \sup_{t>0} t^{\frac{1}{\alpha}} f^*(t) = \sup_{t>0} t^{\frac{1}{\alpha}} = +\infty.$$

Ce qui nous permet de conclure que f n'est pas élément de $L^{\alpha,+\infty}(G)$.

2) Considérons un entier $n > 0$, et un nombre réel $r > 0$.

Nous avons :

$$_{B_{(e,r)}} \|\chi_{E_n}\|_{1,p} \leq \left[\sum_{j=1}^{E(2^{\rho(n+1)})+1} \int_{B_{\left(x_j^n, \gamma 2^{-n-1}(1+r2^{n+1})\right)}} \left(\lambda\left(E_n \cap B_{(x,r)}\right)\right)^p d\lambda(x)\right]^{\frac{1}{p}},$$

car,

si $B_{\left(x_j^n, 2^{-n-1}\right)} \cap B_{(x,r)} \neq \emptyset$ alors $\left|\left(x_j^n\right)^{-1} x\right| < \gamma\left(2^{-n-1} + r\right) = \gamma 2^{-n-1}\left(1 + r 2^{n+1}\right)$.

a) Supposons $r = 2^{-n-1-\ell}$, avec ℓ un entier naturel.

Alors,

$$\lambda\left(B_{(e,r)}\right)^{\frac{1}{\alpha}-1-\frac{1}{p}} {}_{B_{(e,r)}} \|\chi_{E_n}\|_{1,p}$$
$$\leq r^{\rho\left(\frac{1}{\alpha}-1-\frac{1}{p}\right)} \left[\sum_{j=1}^{E(2^{\rho(n+1)})+1} \int_{B_{\left(x_j^n, \gamma 2^{-n-1}(1+2^{-\ell})\right)}} \lambda\left(B_{(x,r)}\right)^p d\lambda(x)\right]^{\frac{1}{p}}.$$

Donc,

$$\lambda\left(B_{(e,r)}\right)^{\frac{1}{\alpha}-1-\frac{1}{p}} {}_{B_{(e,r)}} \|\chi_{E_n}\|_{1,p}$$
$$\leq \left[\left(2^{\rho(n+1)} + 1\right) \left(\gamma 2^{-n-1}(1+2^{-\ell})\right)^\rho \left(2^{-n-1-\ell}\right)^{\rho p}\right]^{\frac{1}{p}} \left(2^{-n-1-\ell}\right)^{\rho\left(\frac{1}{\alpha}-1-\frac{1}{p}\right)}$$
$$\leq 2^{\left(\frac{1+\rho}{p}+\frac{\rho}{p}-\frac{\rho}{\alpha}\right)} \gamma^{\frac{\rho}{p}} \left(2^{-\rho\left(\frac{1}{\alpha}-\frac{1}{p}\right)}\right)^n.$$

Ce qui signifie que

$$\lambda\left(B_{(e,r)}\right)^{\frac{1}{\alpha}-1-\frac{1}{p}} {}_{B_{(e,r)}} \|\chi_{E_n}\|_{1,p} \leq C_1 \left(2^{-\rho\left(\frac{1}{\alpha}-\frac{1}{p}\right)}\right)^n,$$

avec $C_1 = 2^{\left(\frac{1+\rho}{p}+\frac{\rho}{p}-\frac{\rho}{\alpha}\right)} \gamma^{\frac{\rho}{p}}$.

b) Supposons $r = 2^{-n-1+\ell}$, avec ℓ un entier naturel non nul.

Si $1 \leq \ell \leq \dfrac{n+1}{1-\frac{1}{\alpha}}$, alors pour tout x dans G, la boule $B_{(x, 2^{-n-1+\ell})}$ ne peut rencontrer plus d'une boule $B_{(x_k^n, 2^{-n-1})}$. En effet,

$$\begin{cases} y_k \in B_{(x,2^{-n-1+\ell})} \cap B_{(x_k^n, 2^{-n-1})} \\ y_{k'} \in B_{(x,2^{-n-1+\ell})} \cap B_{(x_{k'}^n, 2^{-n-1})} \end{cases} \Rightarrow \left|(x_k^n)^{-1} x_{k'}^n\right| < \gamma \left(2\gamma^2 + \gamma + 1\right) 2^{\frac{n+1}{\alpha-1}}.$$

Ce qui, d'après (2.14), est impossible si $k \neq k'$.

Nous avons par conséquent

$$\lambda\left(B_{(e,r)}\right)^{\frac{1}{\alpha}-1-\frac{1}{p}} {}_{B_{(e,r)}} \|\chi_{E_n}\|_{1,p}$$
$$\leq r^{\rho\left(\frac{1}{\alpha}-1-\frac{1}{p}\right)} \left[\sum_{j=1}^{E\left(2^{\rho(n+1)}\right)+1} \int_{B_{(x_j^n, \gamma 2^{-n-1}(1+2^\ell))}} \left(\lambda\left(E_n \cap B_{(x,r)}\right)\right)^p d\lambda(x) \right]^{\frac{1}{p}}$$
$$\leq \left[\left(2^{\rho(n+1)}+1\right)\left(\gamma 2^{-n-1}(1+2^\ell)\right)^\rho \left(2^{-n-1}\right)^{\rho p}\right]^{\frac{1}{p}} \left(2^{-n-1+\ell}\right)^{\rho\left(\frac{1}{\alpha}-1-\frac{1}{p}\right)}$$
$$\leq 2^{\rho(n+1)\left(\frac{1}{p}-\frac{1}{\alpha}\right)} 2^{\frac{\rho+1}{p}} \gamma^{\frac{\rho}{p}}.$$

Ainsi,

$$\lambda\left(B_{(e,r)}\right)^{\frac{1}{\alpha}-1-\frac{1}{p}} {}_{B_{(e,r)}}\|\chi_{E_n}\|_{1,p} \leq \left(2^{-\rho\left(\frac{1}{\alpha}-\frac{1}{p}\right)}\right)^n 2^{\frac{\rho+1}{p}+\frac{\rho}{p}-\frac{\rho}{\alpha}} \gamma^{\frac{\rho}{p}} \text{ si } 1 \leq \ell \leq \dfrac{n+1}{1-\frac{1}{\alpha}}.$$

Si $\ell > \dfrac{n+1}{1-\frac{1}{\alpha}}$, alors nous avons :

$$\lambda\left(B_{(e,r)}\right)^{\frac{1}{\alpha}-1-\frac{1}{p}} {}_{B_{(e,r)}} \|\chi_{E_n}\|_{1,p}$$
$$\leq r^{\rho\left(\frac{1}{\alpha}-1-\frac{1}{p}\right)} \left[\sum_{j=1}^{E\left(2^{\rho(n+1)}\right)+1} \int_{B_{(x_j^n, \gamma 2^{-n-1}(1+2^\ell))}} \left(\lambda\left(E_n \cap B_{(x,r)}\right)\right)^p d\lambda(x) \right]^{\frac{1}{p}}$$
$$\leq r^{\rho\left(\frac{1}{\alpha}-1-\frac{1}{p}\right)} \left[\sum_{j=1}^{E\left(2^{\rho(n+1)}\right)+1} \int_{B_{(x_j^n, \gamma 2^{-n-1}(1+2^\ell))}} \lambda\left(E_n\right)^p d\lambda(x) \right]^{\frac{1}{p}}$$
$$\leq \left[\left(2^{\rho(n+1)}+1\right)\left(\gamma 2^{-n-1}(1+2^\ell)\right)^\rho \left[\left(2^{\rho(n+1)}+1\right)\left(2^{-n-1}\right)^\rho\right]^p\right]^{\frac{1}{p}} \left(2^{-n-1+\ell}\right)^{\rho\left(\frac{1}{\alpha}-1-\frac{1}{p}\right)}$$
$$\leq 2^{-\rho(n+1)\left(\frac{1}{\alpha}-\frac{1}{p}\right)} \gamma^{\frac{\rho}{p}} 2^{\frac{\rho+1}{p}+1}.$$

Ainsi,

$$\lambda\left(B_{(e,r)}\right)^{\frac{1}{\alpha}-1-\frac{1}{p}} {}_{B_{(e,r)}}\|\chi_{E_n}\|_{1,p} \leq \left(2^{-\rho\left(\frac{1}{\alpha}-\frac{1}{p}\right)}\right)^n \gamma^{\frac{\rho}{p}} 2^{\frac{\rho+1}{p}+1-\rho\left(\frac{1}{\alpha}-\frac{1}{p}\right)} \text{ si } \ell > \dfrac{n+1}{1-\frac{1}{\alpha}}.$$

Donc pour $r = 2^{-n-1+\ell}$, avec ℓ entier naturel non nul, nous avons

$$\lambda\left(B_{(e,r)}\right)^{\frac{1}{\alpha}-1-\frac{1}{p}} {}_{B_{(e,r)}}\|\chi_{E_n}\|_{1,p} \leq C_2 \left(2^{-\rho\left(\frac{1}{\alpha}-\frac{1}{p}\right)}\right)^n,$$

2. ETUDE DES ESPACES $(L^q, L^p)^\alpha (G)$

avec $C_2 = \max(\gamma^{\frac{p}{p}} 2^{\frac{p+1}{p}+1-\rho\left(\frac{1}{\alpha}-\frac{1}{p}\right)}; 2^{\frac{p+1}{p}+\frac{p}{p}-\frac{p}{\alpha}} \gamma^{\frac{p}{p}})$.

Nous pouvons donc dire à partir de a) et b) que si $r = 2^{-m}$, m étant un entier relatif, alors
$$\lambda\left(B_{(e,r)}\right)^{\frac{1}{\alpha}-1-\frac{1}{p}} {}_{B_{(e,r)}}\|\chi_{E_n}\|_{1,p} \leq C_3 \left(2^{-\rho\left(\frac{1}{\alpha}-\frac{1}{p}\right)}\right)^n,$$
avec $C_3 = \max(C_1, C_2)$.

c) Supposons que r est quelconque dans $\mathbb{R}_+^*$.

Il existe un unique entier relatif m tel que $2^{-m-1} \leq r \leq 2^{-m}$.

Par conséquent,
$$\lambda\left(B_{(e,r)}\right)^{\frac{1}{\alpha}-1-\frac{1}{p}} {}_{B_{(e,r)}}\|\chi_{E_n}\|_{1,p} \leq \lambda\left(B_{(e,2^{-m-1})}\right)^{\frac{1}{\alpha}-1-\frac{1}{p}} {}_{B_{(e,2^{-m})}}\|\chi_{E_n}\|_{1,p}$$
$$\leq 2^{-\rho\left(\frac{1}{\alpha}-1-\frac{1}{p}\right)} C_3 \left(2^{-\rho\left(\frac{1}{\alpha}-\frac{1}{p}\right)}\right)^n.$$

Donc pour tout réel $r > 0$,
$$\lambda\left(B_{(e,r)}\right)^{\frac{1}{\alpha}-1-\frac{1}{p}} {}_{B_{(e,r)}}\|\chi_{E_n}\|_{1,p} \leq C_4 \left(2^{-\rho\left(\frac{1}{\alpha}-\frac{1}{p}\right)}\right)^n,$$

avec $\quad C_4 = 2^{-\rho\left(\frac{1}{\alpha}-1-\frac{1}{p}\right)} C_3$.

Ceci étant vrai pour un entier quelconque n de $\mathbb{N}^*$, nous avons
$$\lambda\left(B_{(e,r)}\right)^{\frac{1}{\alpha}-1-\frac{1}{p}} {}_{B_{(e,r)}}\|f\|_{1,p} \leq \sum_{n\geq 1} C_4 \left(2^{-\rho\left(\frac{1}{\alpha}-\frac{1}{p}\right)}\right)^n = C_4 \frac{2^{-\rho\left(\frac{1}{\alpha}-\frac{1}{p}\right)}}{1 - 2^{-\rho\left(\frac{1}{\alpha}-\frac{1}{p}\right)}}, \forall r \in \mathbb{R}_+^*.$$

D'où
$$\|f\|_{1,p,\alpha} \leq \sup_{r>0} \lambda\left(B_{(e,r)}\right)^{\frac{1}{\alpha}-1-\frac{1}{p}} {}_{B_{(e,r)}}\|f\|_{1,p} \leq C_4 \frac{2^{-\rho\left(\frac{1}{\alpha}-\frac{1}{p}\right)}}{1 - 2^{-\rho\left(\frac{1}{\alpha}-\frac{1}{p}\right)}} < +\infty.$$

Par suite, f est un élément de $(L^1, L^p)^\alpha (G)$. ■

Dans la définition des espaces $(L^q, L^p)^\alpha (G)$, nous posons toujours la condition $q \leq \alpha \leq p$. L'on est en droit de se demander ce qui se passerait si cette condition n'était pas vérifiée.

Remarquons que si $p < \alpha$ alors $\|f\|_{q,\alpha,\alpha} \leq \|f\|_{q,p,\alpha}$. De sorte que $(L^q, L^p)^\alpha (G) \subset (L^q, L^\alpha)^\alpha (G) = L^\alpha (G)$.

Les autres cas de figures sont traités dans la proposition suivante :

Proposition 2.4.8 *Soient α, q et p des éléments de $[1\,;\,+\infty]$.*

Si $\alpha < q$, alors $(L^q, L^p)^\alpha (G) = \{O\}$.

Preuve : Soit un élément f de $(L^q, L^p)^\alpha (G)$.
Posons $A = \|f\|_{q,p,\alpha}$.
Pour tout réel strictement positif r, nous avons

$$\|f\|_{q,p}^{\pi_r} \leq \frac{A}{\lambda\left(B_{(e,r)}\right)^{\frac{1}{\alpha}-\frac{1}{q}}}.$$

Par suite,
$$\lim_{r \to +\infty} \|f\|_{q,p}^{\pi_r} = 0, \text{ puisque } \frac{1}{\alpha} - \frac{1}{q} > 0.$$

1er **cas :** Supposons que $p < q$.
Soit ε un réel tel que $0 < \varepsilon < 1$.

$$\exists r_0 \in \mathbb{R}_+^* \text{ tel que } \forall r \in \mathbb{R}_+^*, \ \left(r > r_0 \Rightarrow \|f\|_{q,p}^{\pi_r} < \varepsilon\right).$$

Soit un réel $r > r_0$. Nous avons

$$\|f\|_{q,p}^{\pi_r} = \left[\sum_{E \in \pi_r} \left(\|f\chi_E\|_q\right)^p\right]^{\frac{1}{p}} < \varepsilon.$$

Donc pour tout élément E de π_r,

$$\|f\chi_E\|_q < \varepsilon < 1.$$

Ainsi pour tout $0 < \varepsilon < 1$,

$$\|f\|_q^q = \sum_{E \in \pi_r} \|f\chi_E\|_q^q \leq \sum_{E \in \pi_r} \left(\|f\chi_E\|_q\right)^p = \left(\|f\|_{q,p}^{\pi_r}\right)^p < \varepsilon.$$

D'où $f = O$.

$2^{\text{ème}}$ **cas :** Supposons que $q < p$.
Puisque f est un élément de $(L^q, L^p)^\alpha (G)$, f est localement intégrable. Considérons un sous-ensemble compact K de G.
Posons :
$$r_0 = \inf\left\{r > 0 \ / \ K \subset B_{(e,r)}\right\},$$
et pour tout réel $r > 0$,
$$T_{K,r} = \left\{E \in \pi_r \ / \ E \cap K \neq \emptyset\right\}.$$

Pour tout réel $r > r_0$, nous avons $K \subset B_{(e,r)}$.
Par conséquent $T_{K,r} \subset T_e$ et d'après la relation (2.6) de la proposition 2.3.5,

$$\text{card} T_{K,r} \leq \text{card} T_e \leq \left(4\gamma^4 + 3\gamma^2\right)^p.$$

Ceci étant, nous avons pour tout réel $r > r_0$:

$$\|f\chi_K\|_q^q = \int_G |f\chi_K|^q d\lambda = \sum_{E\in\pi_r} \int_G |f\chi_K|^q \chi_E d\lambda \leq \sum_{E\in T_{K,r}} \|f\chi_E\|_q^q$$

$$\leq (4\gamma^4 + 3\gamma^2)^{\frac{\rho(p-q)}{p}} \left(\sum_{E\in T_{K,r}} \|f\chi_E\|_q^p\right)^{\frac{q}{p}} \leq (4\gamma^4 + 3\gamma^2)^{\frac{\rho(p-q)}{p}} \left(\|f\|_{q,p}^{\pi_r}\right)^q.$$

Donc,
$$\|f\chi_K\|_q \leq (4\gamma^4 + 3\gamma^2)^{\frac{\rho(p-q)}{pq}} \left(\lim_{r\to+\infty} \|f\|_{q,p}^{\pi_r}\right) = 0.$$

Puisque G est σ-compact, $f = O$.

Le cas $p = q$ est trivial, car $\|f\|_{p,p}^\pi = \|f\|_p$. ■

Remarque 2.4.9 *Soient q, p, q_1, p_1 et α des éléments de $[1\ ;\ +\infty]$ tels que $q_1 \leq q \leq \alpha \leq p \leq p_1$.*

▶ *Pour tout élément f de $L_0(G)$,*
$$\|f\|_{q_1,p_1,\alpha} \leq C \|f\|_{q,p,\alpha},$$
où C est une constante indépendante de f. Par suite, $(L^q, L^p)^\alpha (G) \subset (L^{q_1}, L^{p_1})^\alpha (G)$.

▶ *L'espace $(L^1, L^{+\infty})^\alpha (G)$ est l'espace classique de Morrey.*

▶ *Nous avons*
$$L^\alpha(G) \subset (L^q, L^p)^\alpha (G) \subset (L^{q_1}, L^{p_1})^\alpha (G) \subset (L^1, L^{+\infty})^\alpha (G).$$

2.5 Translation dans $(L^q, L^p)^\alpha (G)$

Nous donnons quelques propriétés de la translation à gauche sur les espaces $(L^q, L^p)(G)$.

Proposition 2.5.1 *Soient p et q deux éléments de $[1\ ;\ +\infty]$ tels $q \leq p$. Pour tout a, élément de G, la translation à gauche de vecteur a est un automorphisme isométrique de $(L^q, L^p)(G)$, muni de la norme $_B\|\cdot\|_{q,p}$.*

Preuve : Soient f un élément de $(L^q, L^p)(G)$, et x un élément de G.
Si $q = +\infty$, alors le résultat est immédiat car $_B\|\cdot\|_{+\infty,+\infty} = \|\cdot\|_{+\infty}$.
Supposons que $q < +\infty$. Nous avons :

$$\|_x f \chi_{yB}\|_q = \left(\int_G |_x f(t)|^q \chi_{yB}(t) d\lambda(t)\right)^{\frac{1}{q}} = \left(\int_G |f(t)|^q \chi_B(t^{-1}x^{-1}y) d\lambda(t)\right)^{\frac{1}{q}}$$
$$= (|f|^q * \chi_B)^{\frac{1}{q}} (x^{-1}y) = {}_x(|f|^q * \chi_B)^{\frac{1}{q}} (y).$$

Par conséquent,
$$_B\|_x f\|_{q,p} = \left\|\|_x f \chi_{yB}\|_q\right\|_p = \left\|_x(|f|^q * \chi_B)^{\frac{1}{q}}\right\|_p = {}_B\|f\|_{q,p}. \ ■$$

R. C. Busby et H. A. Smith ont établi dans [2] le résultat suivant :

Proposition 2.5.2 *Si π est une $U - V$ partition uniforme de G alors*

$$\sup_{x \in G} \|_x f\|_{q,p}^{\pi} \leq n_\pi(V, V) \|f\|_{q,p}^{\pi}$$

A l'aide de cette proposition, nous allons montrer que la translation à gauche est un automorphisme de $(L^q, L^p)^\alpha(G)$.

Proposition 2.5.3 *Soient q, p et α des éléments de $[1\,;\,+\infty]$ tels que $q \leq \alpha \leq p$. Il existe une constante réelle C telle que*

$$\|_x f\|_{q,p,\alpha} \leq C \|f\|_{q,p,\alpha},$$

pour tout élément x de G.

Preuve : D'après la proposition 2.5.2, nous avons
$\|_x f\|_{q,p}^{\pi_r} \leq n_{\pi_r}\left(B^2_{(e,\frac{r}{4\gamma^2})}, B^2_{(e,\frac{r}{4\gamma^2})}\right) \|f\|_{q,p}^{\pi_r}$, pour tout réel strictement positif r et tout élément x de G.
Or nous avons

$$B^2_{(e,\frac{r}{4\gamma^2})} B^2_{(e,\frac{r}{4\gamma^2})} B_{(e,\frac{r}{4\gamma^2})} \subset B_{(e,\frac{(3+2\gamma)r}{4})}.$$

Donc, d'après la relation (1.5) de la proposition 1.3.3,

$$n_{\pi_r}\left(B^2_{(e,\frac{r}{4\gamma^2})}, B^2_{(e,\frac{r}{4\gamma^2})}\right) \leq (3\gamma^2 + 2\gamma^3)^\rho.$$

Ainsi, pour tout réel $r > 0$ et pour tout élément x de G,

$$\|_x f\|_{q,p}^{\pi_r} \leq (3\gamma^2 + 2\gamma^3)^\rho \|f\|_{q,p}^{\pi_r}.$$

En multipliant les deux membres de l'inégalité par $\lambda\left(B_{(e,r)}\right)^{\frac{1}{\alpha}-\frac{1}{q}}$ et en prenant la borne supérieure sur les réels strictement positifs r, nous obtenons pour tout élément x de G,

$$\|_x f\|_{q,p,\alpha} \leq (3\gamma^2 + 2\gamma^3)^\rho \|f\|_{q,p,\alpha}. \quad \blacksquare$$

Définition 2.5.4 *Soient q, p et α des éléments de $[1\,;\,+\infty]$ avec $q \leq \alpha \leq p$. Nous désignons par $(L^q, L^p)^\alpha_c(G)$, le sous-espace vectoriel normé de $(L^q, L^p)^\alpha(G)$ formé des éléments f vérifiant $\lim_{y \to e} \|f -_y f\|_{q,p,\alpha} = 0$*

Proposition 2.5.5 *Soient q, p et α des éléments de $[1\,;\,+\infty]$, avec $q \leq \alpha \leq p$. $(L^q, L^p)^\alpha_c(G)$ est fermé dans $(L^q, L^p)^\alpha(G)$, et contient $L^\alpha(G)$ si $\alpha < +\infty$.*

Preuve : Elle est identique à quelques petites modifications près, à celle présentée dans [6] ∎

Nous donnons dans la proposition suivante, une analogue de l'inégalité de Young dans les espaces $(L^q, L^p)^\alpha (G)$.

Proposition 2.5.6 *Soient p, q et α des éléments de $]1 ; +\infty[$ tels que $q \leq \alpha \leq p$. Il existe une constante réelle C telle que pour tous éléments f et g de $L_0(G)$, nous ayons pour λ−presque tout x dans G*

$$|(f * g)(x)| \leq C \|f\|_{q,p,\alpha} \|\check{g}\|_{q',p',\alpha'},$$

où q', p' et α' sont les conjugués de q, p et α respectivement.

En particulier, si f est un élément de $(L^q, L^p)^\alpha (G)$ et si g est telle que $\check{g}$ soit un élément de $\left(L^{q'}, L^{p'}\right)_c^{\alpha'} (G)$, alors $f * g$ est continue dans G.

Preuve : Considérons deux éléments f et g de $L_0(G)$.

a) Pour λ−presque tout x dans G et pour tout r dans $\mathbb{R}_+^*$, nous avons :

$$\begin{aligned}|(f * g)(x)| &= \left|\int_G f(y)g(y^{-1}x)d\lambda(y)\right| = \left|\int_G {}_{x^{-1}}f(y)\check{g}(y)d\lambda(y)\right| \\ &\leq \sum_{E \in \pi_r} \left|\int_E {}_{x^{-1}}f(y)\check{g}(y)d\lambda(y)\right| \\ &\leq \sum_{E \in \pi_r} \|{}_{x^{-1}}f\chi_E\|_q \|\check{g}\chi_E\|_{q'} \leq \|{}_{x^{-1}}f\|_{q,p}^{\pi_r} \|\check{g}\|_{q',p'}^{\pi_r} \\ &\leq \lambda\left(B_{(e,r)}\right)^{\frac{1}{\alpha}-\frac{1}{q}} \|{}_{x^{-1}}f\|_{q,p}^{\pi_r} \lambda\left(B_{(e,r)}\right)^{\frac{1}{\alpha'}-\frac{1}{q'}} \|\check{g}\|_{q',p'}^{\pi_r} \\ &\leq \|{}_{x^{-1}}f\|_{q,p,\alpha} \|\check{g}\|_{q',p',\alpha'} \leq (3\gamma^2 + 2\gamma^3) \|f\|_{q,p,\alpha} \|\check{g}\|_{q',p',\alpha'}.\end{aligned}$$

Par suite, si f est dans $(L^q, L^p)^\alpha (G)$ et g est telle que $\check{g}$ soit dans $\left(L^{q'}, L^{p'}\right)^{\alpha'} (G)$, alors $f * g$ est dans $L^{+\infty}(G)$.

b) Nous supposons que f est un élément de $(L^q, L^p)^\alpha (G)$ et g est tel que $\check{g}$ est un élément de $\left(L^{q'}, L^{p'}\right)_c^{\alpha'} (G)$.

Soient x un élément de G et r un réel strictement positif.

$$(f * g)(x) = \int_G f(y)g(y^{-1}x)d\lambda(y) = \int_G {}_{x^{-1}}f(y)\check{g}(y)d\lambda(y).$$

Puisque ${}_{x^{-1}}f$ est un élément de $(L^q, L^p)^\alpha (G)$ et $\check{g}$ un élément de $\left(L^{q'}, L^{p'}\right)^{\alpha'} (G)$, $f * g(x)$ existe et est finie d'après la proposition 2.3.4.

Soit une suite $(x_n)_{n\in\mathbb{N}}$ d'éléments de G qui converge vers x.

$$\begin{aligned}|(f*g)(x_n)-(f*g)(x)| &= \left|\int_G f(y)\,[g(y^{-1}x_n)-g(y^{-1}x)]\,d\lambda(y)\right| \\ &= \left|\int_G f(y)\,[\,_{x_n}(\check{g}) - \,_x(\check{g})](y)\,d\lambda(y)\right| \\ &\leq \sum_{E\in\pi_r}\|f\chi_E\|_q\,\|[\,_{x_n}(\check{g})-\,_x(\check{g})]\chi_E\|_{q'} \\ &\leq \|f\|_{q,p}^{\pi_r}\,\|\,_{x_n}(\check{g})-\,_x(\check{g})\|_{q',p'}^{\pi_r} \\ &\leq \|f\|_{q,p,\alpha}\,\|\,_{x_n}(\check{g})-\,_x(\check{g})\|_{q',p',\alpha'}.\end{aligned}$$

Puisque $\check{g}$ est un élément de $\left(L^{q'},L^{p'}\right)_c^{\alpha'}(G)$, $\|\,_{x_n}(\check{g})-\,_x(\check{g})\|_{q',p',\alpha'}$ tend vers 0 quand n tend vers l'infini.

D'où le résultat. ∎

2.6 Conclusion

L'intérêt des espaces $(L^q,L^p)^\alpha(G)$ est entre autres mis en évidence par le fait que les espaces classiques $L^\alpha(G)$ de Lebesgue, $L^{\alpha,+\infty}(G)$ de Lorentz, $(L^q,L^{+\infty})^\alpha(G)$ de Morrey en sont, soit des sous-espaces, soit des cas particuliers. Il faut aussi remarquer que de par leur définition même, ces espaces $(L^q,L^p)^\alpha(G)$ sont étroitement liés aux multiplicateurs et se prêtent bien à l'étude de l'opérateur maximal fractionnaire de Hardy-Littlewood (voir [6]). Dans le troisième chapitre, nous étudions les propriétés de continuité de cet opérateur et de l'intégrale fractionnaire dans ce cadre.

Chapitre 3

Intégrale fractionnaire sur les espaces $(L^q, L^p)^\alpha(G)$

3.1 Introduction

Beaucoup d'auteurs (voir [3], [12], [13], [14], [15]...etc) se sont intéressés et continuent de s'intéresser à l'opérateur maximal fractionnaire de Hardy-Littlewood, ainsi qu'à l'intégrale fractionnaire. Mais le plus souvent ces opérateurs ont étés étudiés dans les espaces de Lebesgue, et quelques fois dans les espaces de Morrey et d'Orlicz. L'intérêt de ces deux opérateurs réside entre autres dans le fait qu'ils interviennent beaucoup dans l'étude des équations aux dérivées partielles et en mécanique quantique (voir [16]).

Nous étudions ici ces opérateurs dans les espaces $(L^q, L^p)^\alpha(G)$ qui, comme nous l'avons vu au chapitre précédent :

• forment, lorsque p varie de α à $+\infty$, une chaîne d'espaces dont le premier est l'espace de Lebesgue $L^\alpha(G)$, et le dernier l'espace de Morrey $(L^q, L^{+\infty})^\alpha$,

• contiennent de façon stricte l'espace L^α faible lorsque $q < \alpha < p$.

Dans le premier paragraphe, nous étudions la continuité de l'opérateur maximal fractionnaire de Hardy-Littlewood dans les espaces $(L^q, L^p)^\alpha(G)$ à poids. Les résultats obtenus donnent non seulement une extension de ceux de Fofana [6] au cas des groupes localement compacts non commutatifs, mais les améliorent.

En effet, d'une part nous affaiblissons les contraintes sur les poids, et d'autre part nous considérons deux poids au lieu d'un seul.

Dans le paragraphe 2, nous étudions dans les mêmes espaces, la continuité de l'intégrale fractionnaire. Certains de nos résultats généralisent ceux de Fofana, alors que d'autres, tels que le contrôle en norme $(L^q, L^p)^\alpha(G)$ de l'intégrale fractionnaire par l'opérateur maximal fractionnaire de Hardy-Littlewood, sont nouveaux.

3.2 Opérateur maximal fractionnaire

3.2.1 Notations et définitions

Considérons un espace de type homogène (X, d, μ).

a) Soit Φ une application de $[0\,;\,+\infty[$ dans $[0\,;\,+\infty[$.

▶ Φ est une fonction de Young si elle est continue, convexe croissante, et vérifie $\Phi(0) = 0$ et $\lim\limits_{t\to+\infty} \Phi(t) = +\infty$.

▶ Nous dirons qu'une fonction de Young Φ :

- est doublante, s'il existe une constante réelle C telle que pour tout réel positif t, nous ayons $\Phi(2t) \leq C\Phi(t)$,

- appartient à la classe (ou vérifie la condition) B_p avec $1 \leq p < +\infty$, s'il existe une constante C positive telle que

$$\int_C^{+\infty} \frac{\Phi(t)}{t^p}\frac{dt}{t} < +\infty.$$

▶ La fonction conjuguée de la fonction de Young Φ, est la fonction de Young notée Φ^* et définie par

$$\Phi^*(u) = \sup\{tu - \Phi(t)\,/\,t \in \mathbb{R}_+\}.$$

▶ Pour tout élément f de $L_0(X, d, \mu)$ et toute boule B dans (X, d, μ), nous posons :

$$\|f\|_{\Phi,B} = \inf\left\{a > 0 : \frac{1}{\mu(B)}\int_B \Phi\left(\frac{|f|}{a}\right)d\mu \leq 1\right\} \tag{3.1}$$

et

$$\|f\|_{\Phi} = \inf\left\{a > 0 : \int_X \Phi\left(\frac{|f|}{a}\right)d\mu \leq 1\right\}. \tag{3.2}$$

▶ L'opérateur maximal fractionnaire correspondant à (3.1) se définit comme suit :

$$M_\Phi f(x) = \sup_{B:x\in B} \|f\|_{\Phi,B},$$

pour tout élément f de $L_0(X, d, \mu)$ et pour tous les x de X pour lesquels cette expression a un sens.

▶ Une généralisation de l'inégalité de Hölder est la suivante :

$$\int_X |fg|\,d\mu \leq \|f\|_\Phi \|g\|_{\Phi^*}\,,\ \forall\,(f,g) \in L_0(X,d,\mu)^2. \tag{3.3}$$

▶ Pour toute boule B de (X, d, μ), la version locale de l'inégalité (3.3)

$$\frac{1}{\mu(B)}\int_B |fg|\,d\mu \leq \|f\|_{\Phi,B}\|g\|_{\Phi^*,B}\,, \tag{3.4}$$

est valide pour tout élément (f,g) de $L_0(X,d,\mu)^2$.

b) Soient q et β deux éléments de l'ensemble $[1\,;\,+\infty]$, tels que $q \leq \beta$. L'opérateur maximal fractionnaire $m_{q,\beta}$ est défini par :

$$m_{q,\beta}f(x) = \sup_{r>0} \mu\left(B_{(x,r)}\right)^{\frac{1}{\beta}-\frac{1}{q}} \left\| f\chi_{B_{(x,r)}} \right\|_{q,\mu},$$

pour tout élément f de $L_0(X,d,\mu)$ et pour tous les x de X pour lesquels cette expression a un sens.

3.2.2 Continuité de l'opérateur maximal $m_{q,\beta}$

Nous commençons par rappeler deux résultats établis dans [14]. Alors que le théorème 3.2.1 caractérise les fonctions appartenant à B_p, le théorème 3.2.2 et ses corollaires donnent des conditions suffisantes de continuité des opérateurs maximaux entre espaces de Lebesgue et de Lebesgue-faible à poids. Rappelons que certains de ces résultats généralisent ceux de [12] où l'espace X considéré est $\mathbb{R}^n$.

Théorème 3.2.1 *Soient p un réel tel que $1 < p < +\infty$, Φ une fonction de Young doublante et M l'opérateur maximal de Hardy-Littlewood classique.*

Les propositions suivantes sont équivalentes :

(i) $\Phi \in B_p$.

(ii) Il existe une constante réelle $C > 0$ telle que

$$\int_X M_\Phi f(x)^p d\mu(x) \leq C \int_X f(x)^p d\mu(x),$$

pour tout élément positif f de $L_0(X,d,\mu)$.

(iii) Il existe une constante réelle $C > 0$ telle que

$$\int_X M_\Phi f(x)^p w(x) d\mu(x) \leq C \int_X f(x)^p Mw(x) d\mu(x),$$

pour tous éléments positifs f et w de $L_0(X,d,\mu)$.

(iv) Il existe une constante réelle $C > 0$ telle que

$$\int_X Mf(x)^p \frac{w(x)}{\left[M_{\Phi^*}(u^{\frac{1}{p}})(x)\right]^p} d\mu(x) \leq C \int_X f(x)^p \frac{Mw(x)}{u(x)} d\mu(x),$$

pour tous éléments positifs f, w et u de $L_0(X,d,\mu)$.

Théorème 3.2.2 *Soient p et q des réels tels que $1 < p \leq q < +\infty$, ψ une fonction définie sur l'ensemble des boules de (X,d,μ) et qui vérifie, pour une constante C fixée, les relations :*

- $\psi(B_1) \leq C\psi(B_2)$ si $B_1 \subset B_2 \subset CB_1$
- $\psi(B_1)\mu(B_1) \leq C\psi(B_2)\mu(B_2)$ si $B_1 \subset B_2$ \hfill (3.5)
- $\lim_{r(B) \to +\infty} \psi(B) = 0$ si X est non borné,

et M_ψ définie par

$$M_\psi f(x) = \sup_{B : x \in B} \psi(B) \int_B |f|\, d\mu,$$

pour tout élément f de $L_0(X,d,\mu)$ et pour tous les x de X pour lesquels cette expression a un sens. Si ω est une mesure de Borel positive sur X, Φ une fonction de Young dont la fonction conjuguée vérifie la condition B_p, et v une fonction poids pour lesquelles il existe une constante C telle que

$$\psi(B)\,\omega(B)^{\frac{1}{q}} \mu(B)^{\frac{1}{p'}} \left\| v^{-1} \right\|_{\Phi, B} \leq C,$$

pour toute boule B de (X,d,μ), alors

$$\left(\int_X (M_\psi f)^q \, d\omega \right)^{\frac{1}{q}} \leq C \left(\int_X (|f|\, v)^p \, d\mu \right)^{\frac{1}{p}}.$$

En particulier, si w et v sont deux fonctions poids qui vérifient la relation

$$\psi(B) \left(\int_B w^q d\mu \right)^{\frac{1}{q}} \mu(B)^{\frac{1}{p'}} \left\| v^{-1} \right\|_{\Phi, B} \leq C \qquad (3.6)$$

pour toute boule B de (X,d,μ), alors

$$\left(\int_X \{(M_\psi f)\, w\}^q \, d\mu \right)^{\frac{1}{q}} \leq C \left(\int_X (|f|\, v)^p \, d\mu \right)^{\frac{1}{p}}.$$

Dans la suite du paragraphe, nous supposons que (X,d,μ) est le groupe de type homogène $(G, |\cdot|, \lambda)$.

Considérant l'opérateur maximal fractionnaire $m_{q,\beta}$ sur $L_0(G)$, nous avons les résultats suivants qui sont des conséquences du théorème 3.2.2.

Corollaire 3.2.3 *Soient r, β, p et q des éléments de $[1\,;\,+\infty]$ tels que*

$$r < p \leq q < +\infty, \; et \; r < \beta < \frac{\rho\, r}{\rho - 1},$$

3. INTÉGRALE FRACTIONNAIRE SUR LES ESPACES $(L^Q, L^P)^\alpha (G)$

ω une mesure de Borel positive sur G, Φ une fonction de Young dont la fonction conjuguée Φ^* vérifie la condition $B_{\frac{r}{r}}$ et v une fonction poids sur G telles qu'il existe une constante réelle C vérifiant :

$$\lambda (B)^{\frac{r}{\beta} - \frac{r}{p}} \omega (B)^{\frac{r}{q}} \|v^{-r}\|_{\Phi, B} \leq C, \qquad (3.7)$$

pour toute boule B de G. Alors,

$$\left[\int_G (m_{r,\beta} f(x))^q \, d\omega(x)\right]^{\frac{1}{q}} \leq C \left[\int_G (|f(x)| \, v(x))^p \, d\lambda(x)\right]^{\frac{1}{p}}, \, \forall f \in L_0(G).$$

En particulier, si v et w sont des fonctions poids qui vérifient

$$\lambda (B)^{\frac{1}{\beta} - \frac{1}{p}} \left(\int_B w^q d\lambda\right)^{\frac{1}{q}} \|v^{-r}\|_{\Phi, B}^{\frac{1}{r}} \leq C \qquad (3.8)$$

pour toute boule B de G, alors

$$\left[\int_G (m_{r,\beta} f(x) w(x))^q \, d\lambda(x)\right]^{\frac{1}{q}} \leq C \left[\int_G (|f(x)| \, v(x))^p \, d\lambda(x)\right]^{\frac{1}{p}}, \, \forall f \in L_0(G).$$

Preuve : Soient ψ l'application définie sur l'ensemble des boules de G par

$$\psi (B) = \lambda (B)^{\frac{r}{\beta} - 1}.$$

Il est aisé de remarquer que la condition (3.5) est vérifiée, de sorte que M_ψ est bien définie. Considérons un élément f de $L_0(G)$.

a) La condition (3.7) est équivalente à

$$\psi (B) \omega (B)^{\frac{1}{q}} \lambda (B)^{\frac{1}{(\frac{p}{r})'}} \|v^{-r}\|_{\Phi, B} \leq C,$$

pour toute boule B de G.

D'où d'après le théorème 3.2.2, il existe une constante réelle C indépendante de f, telle que :

$$\left[\int_G (M_\psi f)^{\frac{q}{r}} d\omega\right]^{\frac{r}{q}} \leq C \left[\int_G (|f| \, v^r)^{\frac{p}{r}} d\lambda\right]^{\frac{r}{p}}.$$

Par conséquent, nous avons

$$\left[\int_G (M_\psi f^r)^{\frac{q}{r}} d\omega\right]^{\frac{1}{q}} \leq C \left[\int_G (|f| \, v)^p d\lambda\right]^{\frac{1}{p}}.$$

D'où

$$\left[\int_G (m_{r,\beta} f)^q d\omega\right]^{\frac{1}{q}} \leq \left[\int_G (M_\psi f^r)^{\frac{q}{r}} d\omega\right]^{\frac{1}{q}} \leq C \left[\int_G (|f| \, v)^p d\lambda\right]^{\frac{1}{p}},$$

53

puisque $(M_\psi f^r)^{\frac{1}{r}} \geq m_{r,\beta} f$.

b) Nous vérifions aussi que la condition (3.8) est équivalente à

$$\psi(B)\left(\int_B w^q d\lambda\right)^{\frac{r}{q}} \lambda(B)^{\frac{1}{(\frac{p}{r})'}} \left\|v^{-r}\right\|_{\Phi,B} \leq C,$$

pour toute boule B de G. Ce qui permet une fois de plus, d'après le théorème 3.2.2, de dire qu'il existe une constante réelle C indépendante de f telle que :

$$\left[\int_G (M_\psi f(x) w^r(x))^{\frac{q}{r}} d\lambda(x)\right]^{\frac{r}{q}} \leq C \left[\int_G (|f(x)|\, v^r(x))^{\frac{p}{r}} d\lambda(x)\right]^{\frac{r}{p}}.$$

D'où :

$$\left[\int_G (m_{r,\beta} f(x) w(x))^q d\lambda(x)\right]^{\frac{1}{q}} \leq C \left[\int_G (|f(x)|\, v(x))^p d\lambda(x)\right]^{\frac{1}{p}},$$

pour tout élément f de $L_0(G)$. ∎

Corollaire 3.2.4 *Sous les hypothèses du corollaire 3.2.3, il existe une constante réelle positive C telle que pour tout élément f de $L_0(G)$ et tout nombre réel $a > 0$, nous ayons :*

$$\left[\int_{E_a} w(x)^q d\lambda(x)\right]^{\frac{1}{q}} \leq a^{-1} C \left[\int_G (|f(x)|\, v(x))^p d\lambda(x)\right]^{\frac{1}{p}},$$

où

$$E_a = \{x \in G \,/\, m_{r,\beta} f(x) > a\}.$$

Nous donnons ici une autre généralisation du théorème 2 de [12]. Le résultat que nous établissons, montre que l'opérateur $m_{q,\beta}$ est un opérateur borné de $(L^q, L^p)^\alpha(G, v d\lambda) \cap (L^{q_1}, L^{p_1})^{\alpha_1}(G)$ dans $L^t(G, w^t d\lambda)$–faible.

Théorème 3.2.5 *Soient q, α, p, q_1, p_1 et β des éléments de $[1\,;\,+\infty]$ tels que*

$$1 \leq q \leq \alpha \leq p, \text{ avec } 0 < \frac{1}{\alpha} - \frac{1}{\beta} = \frac{1}{s},$$

$$q < q_1 \leq \alpha_1 \leq p_1 < +\infty, \text{ avec } 0 < \frac{1}{q_1} - \frac{1}{\beta} = \frac{1}{t} \leq \frac{1}{p_1},$$

et Φ une fonction de Young doublante dont la conjuguée Φ^* vérifie la condition $B_{\frac{q_1}{q}}$. Supposons que v et w sont deux éléments positifs de $L_0(G)$ pour lesquels il existe une constante réelle A telle que pour toute boule B de G nous ayons :

$$\lambda(B)^{-\frac{1}{t}} \left(\|w\chi_B\|_t\right) \left(\|v^{-q}\|_{\Phi,B}^{\frac{1}{q}}\right) \leq A. \tag{3.9}$$

3. INTÉGRALE FRACTIONNAIRE SUR LES ESPACES $(L^Q, L^P)^\alpha (G)$

Alors, il existe une constante réelle C telle que pour tout élément f de $L_0(G)$, et tout nombre réel $\theta > 0$, nous ayons :

$$\left(\int_{\Pi_\theta} w^t(x) d\lambda(x)\right)^{\frac{1}{t}} \leq C \left(\theta^{-1} \|fv\|_{q_1,p_1,\alpha_1}\right) \left(\theta^{-1} \|f\|_{q,p,\alpha}\right)^{s\left(\frac{1}{q_1} - \frac{1}{\alpha_1}\right)}, \quad (3.10)$$

où $\Pi_\theta = \{x \in G \;/\; m_{q,\beta} f(x) > \theta\}$.

Pour la preuve de ce théorème, nous avons besoin du lemme suivant, démontré dans [3].

Lemme 3.2.6 *Soit $\mathfrak{F}$ une famille de boules de rayons bornés. Il existe une sous famille*

$$\{B_{(x_i,r_i)}, i \in J\}$$

de $\mathfrak{F}$ dénombrable, constituée de boules deux à deux disjointes et telle que, pour tout élément B de $\mathfrak{F}$, il existe i dans J tel que

$$B \subset B_{(x_i,br_i)},$$

avec $b = 3(\max(2^\rho, \gamma))^2$.

Preuve du théorème 3.2.5 : Soient un élément f de $L_0(G)$ appartenant localement à $L^q(G)$, et un nombre réel $\theta > 0$.

Si f n'appartient pas à $(L^q, L^p)^\alpha (G)$, alors l'inégalité (3.10) est triviale.

Nous supposons que f est un élément de $(L^q, L^p)^\alpha (G)$.

$$\forall x \in \Pi_\theta, \exists r_x \in \mathbb{R}_+^* \text{ tel que } \lambda\left(B_{(x,r_x)}\right)^{\frac{1}{\beta} - \frac{1}{q}} \left\|f\chi_{B_{(x,r_x)}}\right\|_q > \theta.$$

Ainsi, pour tout réel $\theta > 0$, $\Pi_\theta \subset \bigcup_{x \in \Pi_\theta} B_{(x,r_x)}$.

Soit n un entier naturel non nul.

Désignons par $\mathfrak{F}_n$ la famille formée des boules $B_{(x,r_x)}$ telles que $r_x < n$, et posons

$$E_n = \{x \in \Pi_\theta \;/\; r_x < n\}.$$

Nous avons

$$E_n \subset \bigcup_{r_x < n} B_{(x,r_x)} \text{ et } \Pi_\theta = \bigcup_{n>0} E_n = \sup_{n>0} E_n.$$

D'après le lemme 3.2.6, il existe une sous famille $\{B_{(x_i,r_i)}, i \in J\}$ de $\mathfrak{F}_n$ dénombrable, formée de boules deux à deux disjointes et telle que :

$$\forall B \in \mathfrak{F}_n, \exists i \in J \text{ tel que } B \subset B_{(x_i,br_i)}.$$

Soit i un élément de J. Nous avons, d'après la version locale de l'inégalité de Hölder (voir la relation (3.4)),

$$\begin{aligned}\theta &< \lambda\left(B_{(e,r_i)}\right)^{\frac{1}{\beta}-\frac{1}{q}}\left\|f\chi_{B_{(x_i,r_i)}}\right\|_q < \lambda\left(B_{(e,r_i)}\right)^{\frac{1}{\beta}-\frac{1}{q}}\left\|\left(fv\chi_{B_{(x_i,r_i)}}\right)^q\left(v^{-1}\chi_{B_{(x_i,r_i)}}\right)^q\right\|_1^{\frac{1}{q}}\\ &\leq (b)^{\frac{\rho}{q}}\lambda\left(B_{(e,r_i)}\right)^{\frac{1}{\beta}}\left\|\left(fv\chi_{B_{(x_i,r_i)}}\right)^q\right\|_{\Phi^*,bB_{(x_i,r_i)}}^{\frac{1}{q}}\times\left\|\left(v^{-1}\chi_{B_{(x_i,r_i)}}\right)^q\right\|_{\Phi,bB_{(x_i,r_i)}}^{\frac{1}{q}}.\end{aligned}$$

Ainsi,

$$\theta^q < C\lambda\left(B_{(e,r_i)}\right)^{\frac{q}{\beta}} M_{\Phi^*}\left(fv\chi_{B_{(x_i,r_i)}}\right)^q(y)\left\|v^{-q}\chi_{B_{(x_i,r_i)}}\right\|_{\Phi,bB_{(x_i,r_i)}}, \quad \forall y \in B_{(x_i,r_i)}.$$

En intégrant sur $B_{(x_i,r_i)}$ et en utilisant le théorème 3.2.1, nous obtenons :

$$\begin{aligned}&\theta^q\lambda\left(B_{(x_i,r_i)}\right)\\ &\leq C\lambda\left(B_{(e,r_i)}\right)^{\frac{q}{\beta}}\int_{B_{(x_i,r_i)}} M_{\Phi^*}\left(fv\chi_{B_{(x_i,r_i)}}\right)^q(y)d\lambda(y)\times\left\|v^{-q}\chi_{B_{(x_i,r_i)}}\right\|_{\Phi,B_{(x_i,br_i)}}\\ &\leq C\lambda\left(B_{(e,r_i)}\right)^{1+\frac{q}{\beta}-\frac{q}{q_1}}\left[\int_G\left[M_{\Phi^*}\left(fv\chi_{B_{(x_i,r_i)}}\right)^q(y)\right]^{\frac{q_1}{q}}d\lambda(y)\right]^{\frac{q}{q_1}}\times\left\|v^{-q}\chi_{B_{(x_i,r_i)}}\right\|_{\Phi,B_{(x_i,br_i)}}\\ &\leq C\lambda\left(B_{(e,r_i)}\right)^{1+\frac{q}{\beta}-\frac{q}{q_1}}\left[\int_G\left(fv\chi_{B_{(x_i,r_i)}}\right)^{q_1}(y)d\lambda(y)\right]^{\frac{q}{q_1}}\times\left\|v^{-q}\chi_{B_{(x_i,r_i)}}\right\|_{\Phi,B_{(x_i,br_i)}}\\ &\leq C\lambda\left(B_{(e,r_i)}\right)^{1+\frac{q}{\beta}-\frac{q}{q_1}}\left\|fv\chi_{B_{(x_i,r_i)}}\right\|_{q_1}^q\left\|v^{-q}\chi_{B_{(x_i,r_i)}}\right\|_{\Phi,B_{(x_i,br_i)}}.\end{aligned}$$

D'où,

$$1 < \theta^{-1}C\lambda\left(B_{(e,r_i)}\right)^{\frac{1}{\beta}-\frac{1}{q_1}}\left\|fv\chi_{B_{(x_i,r_i)}}\right\|_{q_1}\left\|v^{-q}\chi_{B_{(x_i,r_i)}}\right\|_{\Phi,B_{(x_i,br_i)}}^{\frac{1}{q}}, \quad \forall i \in J.$$

Puisque $E_n \subset \bigcup_{i\in J} B_{(x_i,br_i)}$ et $p_1 < t$, nous avons grâce à la condition (3.9),

$$\begin{aligned}&\left\|w\chi_{E_n}\right\|_t\\ &\leq \left[\int_G w^t(y)\chi_{\bigcup_{i\in J}B_{(x_i,br_i)}}(y)d\lambda(y)\right]^{\frac{1}{t}} \leq \left[\sum_{i\in J}\left\|w\chi_{B_{(x_i,br_i)}}\right\|_t^t\right]^{\frac{1}{t}} \leq \left[\sum_{i\in J}\left\|w\chi_{B_{(x_i,br_i)}}\right\|_t^{p_1}\right]^{\frac{1}{p_1}}\\ &\leq \left[\sum_{i\in J}\left(\theta^{-1}C\lambda\left(B_{(x_i,r_i)}\right)^{\frac{1}{\beta}-\frac{1}{q_1}}\left\|fv\chi_{B_{(x_i,r_i)}}\right\|_{q_1}\left\|v^{-q}\chi_{B_{(x_i,r_i)}}\right\|_{\Phi,B_{(x_i,br_i)}}^{\frac{1}{q}}\left\|w\chi_{B_{(x_i,br_i)}}\right\|_t\right)^{p_1}\right]^{\frac{1}{p_1}}\\ &\leq \theta^{-1}C\left[\sum_{i\in J}\left(\left\|fv\chi_{B_{(x_i,r_i)}}\right\|_{q_1}\lambda\left(B_{(x_i,r_i)}\right)^{\frac{1}{\beta}-\frac{1}{q_1}}\left\|v^{-q}\chi_{B_{(x_i,r_i)}}\right\|_{\Phi,B_{(x_i,br_i)}}^{\frac{1}{q}}\left\|w\chi_{B_{(x_i,br_i)}}\right\|_t\right)^{p_1}\right]^{\frac{1}{p_1}}\\ &\leq C\theta^{-1}\left[\sum_{i\in J}\left(\left\|fv\chi_{B_{(x_i,r_i)}}\right\|_{q_1}\right)^{p_1}\right]^{\frac{1}{p_1}}.\end{aligned}$$

3. INTÉGRALE FRACTIONNAIRE SUR LES ESPACES $(L^Q, L^P)^\alpha (G)$

Posons $r = \sup_{i \in J} r_i$ et pour tout élément x de G, $T_x = \{E \in \pi_r \, / \, B_{(x,r)} \cap E \neq \emptyset\}$.
D'après la relation (2.6) de la proposition 2.3.5 nous avons $\operatorname{card} T_x \leq (4\gamma^4 + 3\gamma^2)^\rho$ pour tout élément x de G.

Donc

$$\sum_{i \in J} \left(\left\|fv\chi_{B_{(x_i,r_i)}}\right\|_{q_1}\right)^{p_1} = \sum_{i \in J} \left(\int_G \left|fv\chi_{B_{(x_i,r_i)}}(y)\right|^{q_1} d\lambda(y)\right)^{\frac{p_1}{q_1}}$$

$$= \sum_{i \in J} \left(\sum_{E \in T_{x_i}} \int_E \left|fv\chi_{B_{(x_i,r_i)}}(y)\right|^{q_1} d\lambda(y)\right)^{\frac{p_1}{q_1}}$$

$$\leq (4\gamma^4 + 3\gamma^2)^{\frac{\rho(p_1-q_1)}{q_1}} \sum_{i \in J} \sum_{E \in T_{x_i}} \left(\int_E \left|fv\chi_{B_{(x_i,r_i)}}(y)\right|^{q_1} d\lambda(y)\right)^{\frac{p_1}{q_1}}$$

$$\leq (4\gamma^4 + 3\gamma^2)^{\frac{\rho(p_1-q_1)}{q_1}} \sum_{E \in \pi_r} \left(\int_E |fv(y)|^{q_1} \left(\sum_{i \in J} \chi_{B_{(x_i,r_i)}}(y)\right) d\lambda(y)\right)^{\frac{p_1}{q_1}}$$

$$\leq (4\gamma^4 + 3\gamma^2)^{\frac{\rho(p_1-q_1)}{q_1}} \sum_{E \in \pi_r} \|fv\chi_E\|_{q_1}^{p_1}$$

$$\leq (4\gamma^4 + 3\gamma^2)^{\frac{\rho(p_1-q_1)}{q_1}} \left(\|fv\|_{q_1,p_1}^{\pi_r}\right)^{p_1}.$$

Par conséquent,

$$\left\|w\chi_{E_n}\right\|_t \leq C\theta^{-1} \|fv\|_{q_1,p_1,\alpha_1} \lambda\left(B_{(e,r)}\right)^{\frac{1}{q_1}-\frac{1}{\alpha_1}}. \tag{3.11}$$

Puisque f est un élément de $(L^q, L^p)^\alpha (G)$, pour toute boule $B_{(x,r)}$ telle que

$$\lambda\left(B_{(e,r)}\right)^{\frac{1}{\beta}-\frac{1}{q}} \left\|f\chi_{B_{(x,r)}}\right\|_q > \theta,$$

nous avons :

$$\left\|f\chi_{B_{(x,r)}}\right\|_q = \left(\sum_{E \in \pi_r} \int_E \left|f\chi_{B_{(x,r)}}\right|^q d\lambda\right)^{\frac{1}{q}} = \left(\sum_{E \in T_x} \int_E \left|f\chi_{B_{(x,r)}}\right|^q d\lambda\right)^{\frac{1}{q}} \leq \left(\sum_{E \in T_x} \|f\chi_E\|_q^q\right)^{\frac{1}{q}}$$

$$\leq (4\gamma^4 + 3\gamma^2)^{\frac{\rho(p-q)}{qp}} \left(\sum_{E \in T_x} \|f\chi_E\|_q^p\right)^{\frac{1}{p}} \leq (4\gamma^4 + 3\gamma^2)^{\frac{\rho(p-q)}{qp}} \|f\|_{q,p}^{\pi_r},$$

$$\lambda\left(B_{(e,r)}\right)^{\frac{1}{q}-\frac{1}{\beta}} < \theta^{-1} \left\|f\chi_{B_{(x,r)}}\right\|_q \leq \theta^{-1} (4\gamma^4 + 3\gamma^2)^{\frac{\rho(p-q)}{qp}} \|f\|_{q,p,\alpha} \lambda\left(B_{(e,r)}\right)^{\frac{1}{q}-\frac{1}{\alpha}},$$

$$\lambda\left(B_{(e,r)}\right) \leq \left[\theta^{-1} (4\gamma^4 + 3\gamma^2)^{\frac{\rho(p-q)}{qp}} \|f\|_{q,p,\alpha}\right]^s. \tag{3.12}$$

Des relations (3.11) et (3.12) il ressort que

$$\left\|w\chi_{\Pi_\theta}\right\|_t \leq C\theta^{-1} \|fv\|_{q_1,p_1,\alpha_1} \left(\theta^{-1} \|f\|_{q,p,\alpha}\right)^{s\left(\frac{1}{q_1}-\frac{1}{\alpha_1}\right)},$$

où C est une constante indépendante de f.

Cela étant vrai pour tout entier $n \geq 1$, nous obtenons

$$\left\|w\chi_{\Pi_\theta}\right\|_t \leq C\theta^{-1} \|fv\|_{q_1,p_1,\alpha_1} \left(\theta^{-1} \|f\|_{q,p,\alpha}\right)^{s\left(\frac{1}{q_1}-\frac{1}{\alpha_1}\right)}. \blacksquare$$

Remarque 3.2.7 *Si nous prenons $q_1 = \alpha_1$ dans le théorème 3.2.5, nous obtenons le corollaire 3.2.4.*

La remarque ci-dessus montre que les théorèmes 3.2.5 et 3.2.2 se recoupent. Cependant, leurs champs d'applications sont différents, comme le montre cette proposition dont la démonstration est similaire à celle de la proposition 2.4.7.

Proposition 3.2.8 *Soit (p,q,α) un élément de $[1\,;\,+\infty]^3$ tel que $1 < q < \alpha < p$. Considérons dans G une famille de boules*

$$\left\{ B_{\left(x_j^n, 2^{-n-1}\right)} \,/\, 1 \leq j \leq E\left(2^{\rho(n+1)}\right) + 1\,;\, n \in \mathbb{N}^* \right\},$$

où $E\left(2^{\rho(n+1)}\right)$ désigne la partie entière de $2^{\rho(n+1)}$, vérifiant les conditions suivantes :
(i) $\left|\left(x_k^1\right)^{-1} x_j^1\right| > \gamma \left(1 + \gamma + 2\gamma^2\right) 2^{\frac{2q}{\alpha-q}}, \forall (k,j) \in \{1;2;3;\ldots;E\left(2^{2\rho}\right)+1\}^2, j \neq k;$
(ii) Pour tout entier naturel $n > 1$,

$$\left|\left(x_k^n\right)^{-1} x_j^n\right| > \gamma \left(1 + \gamma + 2\gamma^2\right) 2^{\frac{n+1}{q-1}}, \forall (k,j) \in \{1;2;3;\ldots;E\left(2^{\rho(n+1)}\right)+1\}^2, j \neq k$$

et

$$\forall (m,k,j) \in \{1;2;3;\ldots;n\} \times \{1;2;3;\ldots;E\left(2^{\rho(n+1)}\right)+1\} \times \{1;2;3;\ldots;E\left(2^{\rho(m+1)}\right)+1\}$$
$(j,m) \neq (k,n)$

$$\left|\left(x_k^n\right)^{-1} x_j^m\right| > 2\gamma^2 \left|2^{2\rho(n+1)+1} + 2^{k-n} + 2^{-n-1} - 2^{2\rho(m+1)+1} - 2^{j-m} - 2^{-m-1}\right|.$$

Posons

$$E_n = \bigcup_{j=1}^{E\left(2^{\rho(n+1)}\right)+1} B_{\left(x_j^n, 2^{-n-1}\right)}, \quad E = \bigcup_{n \geq 1} E_n \text{ et } f = \chi_E.$$

Alors, f est un élément de $(L^q, L^p)^\alpha(G)$ qui n'est pas dans $L^{\alpha,+\infty}(G)$.

Remarquons que si nous prenons $v = w = 1$ dans le corollaire 3.2.3 et le théorème 3.2.5, les conditions (3.8) et (3.9) sont vérifiées. Cependant, f étant la fonction définie dans la proposition 3.2.8, nous avons $\left(\|fv\|_{q,p,\alpha}\right)\left(\|f\|_{q_1,p_1,\alpha_1}\right)^{s\left(\frac{1}{q_1}-\frac{1}{\alpha_1}\right)} < +\infty$ tandis que $\|fv\|_q = +\infty$. Ainsi, le théorème 3.2.5 permet d'affirmer l'appartenance de $m_{q,\beta}f$ à $L^t(G)$-faible, alors que le corollaire 3.2.3 ne donne aucun contrôle sur $m_{q,\beta}f$.

La proposition 3.2.9 et le corollaire 3.2.10 ci-dessous se démontrent de la même manière que dans [6].

Proposition 3.2.9 *Soient q, α, p et β des éléments de $[1\,;\,+\infty]$ tels que*

$$q \leq \alpha \leq p \text{ et } 0 < \frac{1}{\alpha} - \frac{1}{\beta} = \frac{1}{s} \leq \frac{1}{q} - \frac{1}{\beta} \leq \frac{1}{p}.$$

Il existe une constante réelle C telle que pour tout élément f de $L_0(G)$, nous ayons

$$\|m_{q,\beta}f\|^*_{s,+\infty} \leq C \|f\|_{q,p,\alpha}.$$

3. INTÉGRALE FRACTIONNAIRE SUR LES ESPACES $(L^Q, L^P)^\alpha (G)$

Corollaire 3.2.10 *Soient q, α et β des éléments de $[1 \, ; \, +\infty]$ avec*

$$\frac{1}{\beta} < \frac{1}{\alpha} < \frac{1}{q} < \frac{1}{\beta} + \frac{1}{\alpha} \; et \; \frac{1}{s} = \frac{1}{\alpha} - \frac{1}{\beta}.$$

Il existe une constante réelle C telle que pour tout élément f de $L_0(G)$ appartenant localement à $L^q(G)$, nous ayons :

$$\|m_{q,\beta}f\|_s \leq \|f\|_{\alpha,s}^*.$$

Proposition 3.2.11 *Soient q, α et p des éléments de $[1 \, ; \, +\infty]$, avec $q \leq \alpha \leq p$. Il existe une constante réelle C telle que :*

$$m_{q,\alpha}f(x) \leq C \|f\|_{q,p,\alpha},$$

pour tout élément f de $L_0(G)$ et pour tout élément x de G.

Preuve : Soit (f,x) un élément de $L_0(G) \times G$, tel que f appartienne localement à $L^q(G)$.

1er**cas** : Supposons que $p < +\infty$.

$$\begin{aligned} m_{q,\alpha}f(x) &= \sup_{r>0}\lambda\left(B_{(e,r)}\right)^{\frac{1}{\alpha}-\frac{1}{q}} \left\|f\chi_{B_{(x,r)}}\right\|_q \leq \sup_{r>0}\lambda\left(B_{(e,r)}\right)^{\frac{1}{\alpha}-\frac{1}{q}} \left[\sum_{E\in T_e}\int_E |f(y)|^q\, d\lambda(y)\right]^{\frac{1}{q}} \\ &\leq \sup_{r>0}\lambda\left(B_{(e,r)}\right)^{\frac{1}{\alpha}-\frac{1}{q}} \left[(4\gamma^4+3\gamma^2)^{\frac{p(p-q)}{p}}\left(\sum_{E\in\pi_r}\|f\chi_E\|_q^p\right)^{\frac{q}{p}}\right]^{\frac{1}{q}} \\ &\leq (4\gamma^4+3\gamma^2)^{\frac{p(p-q)}{pq}} \sup_{r>0}\lambda\left(B_{(e,r)}\right)^{\frac{1}{\alpha}-\frac{1}{q}} \|f\|_{q,p}^{\pi_r} \leq (4\gamma^4+3\gamma^2)^{\frac{p(p-q)}{pq}} \|f\|_{q,p,\alpha}. \end{aligned}$$

D'où,
$$(m_{q,\alpha}f)(x) \leq C\|f\|_{q,p,\alpha},$$

avec $\quad C = (4\gamma^4+3\gamma^2)^{\frac{p(p-q)}{pq}}.$

2ème**cas** : Supposons que $p = +\infty$.
Si $q = +\infty$ alors,

$$m_{+\infty,+\infty}f(x) = \sup_{r>0}\left\|f\chi_{B_{(x,r)}}\right\|_{+\infty} = \|f\|_{+\infty} = \|f\|_{+\infty,+\infty,+\infty}.$$

Si $q < +\infty$ alors

$$\begin{aligned} m_{q,\alpha}f(x) &= \sup_{r>0}\lambda\left(B_{(e,r)}\right)^{\frac{1}{\alpha}-\frac{1}{q}} \left(\sum_{E\in T_x}\int_E |f(y)|^q \chi_{B_{(x,r)}}(y)d\lambda(y)\right)^{\frac{1}{q}} \\ &\leq \sup_{r>0}\lambda\left(B_{(e,r)}\right)^{\frac{1}{\alpha}-\frac{1}{q}} (4\gamma^4+3\gamma^2)^{\frac{p}{q}} \|f\|_{q,+\infty}^{\pi_r} = (4\gamma^4+3\gamma^2)^{\frac{p}{q}} \|f\|_{q,+\infty,\alpha}. \end{aligned}$$

D'où
$$m_{q,\alpha}f(x) \leq C \left\|f\right\|_{q,+\infty,\alpha},$$
avec $C = (4\gamma^4 + 3\gamma^2)^{\frac{\ell}{q}}$. ∎

Les résultats précédents permettent, lorsque q, α et β vérifient certaines conditions, de contrôler en norme $m_{q,\beta}f$ par f. Dans la proposition suivante, nous examinons le problème inverse.

Proposition 3.2.12 *Soient q, α, β, u et v des éléments de $[1\,;\,+\infty]$ tels que :*
$$q \leq \alpha,\ 0 \leq \frac{1}{\alpha} - \frac{1}{\beta} = \frac{1}{s}\ \text{et}\ u \leq s \leq v.$$

Il existe une constante réelle D telle que pour tout élément f de $L_0(G)$, nous ayons :
$$\left\|f\right\|_{q,v,\alpha} \leq D \left\|m_{q,\beta}f\right\|_{u,v,s}. \tag{3.13}$$

Preuve : Soit f un élément de $L_0(G)$
Si $m_{q,\beta}f$ n'appartient pas à $(L^u, L^v)^s(G)$, alors l'inégalité est triviale.
Supposons donc que $m_{q,\beta}f$ appartienne à $(L^u, L^v)^s(G)$.

1er cas : Supposons que $q = +\infty$. Alors, $\alpha = \beta = s = v = +\infty$.
Ainsi d'après la proposition 2.4.5, nous avons

$$\left\|f\right\|_{+\infty,+\infty,+\infty} = \left\|f\right\|_{+\infty}\ \text{et}\ \left\|m_{+\infty,+\infty}f\right\|_{u,+\infty,+\infty} \geq \left(4\gamma^5 + 3\gamma^3 + 2\gamma^2\right)^{-\rho} \left\|m_{+\infty,+\infty}f\right\|_{+\infty}.$$

Or
$$m_{+\infty,+\infty}f(x) = \sup_{r>0} \left\|f\chi_{B_{(x,r)}}\right\|_{+\infty} = \left\|f\right\|_{+\infty}.$$

D'où
$$\left\|f\right\|_{+\infty,+\infty,+\infty} = \left\|f\right\|_{+\infty} = \left\|m_{+\infty,+\infty}f\right\|_{+\infty} \leq D \left\|m_{+\infty,+\infty}f\right\|_{u,+\infty,+\infty},$$

avec $D = (4\gamma^5 + 3\gamma^3 + 2\gamma^2)^\rho$.

2$^{\grave{e}me}$ cas : Supposons que $q < +\infty$.

a) Supposons $u = +\infty$. Alors $s = v = +\infty$ et $\alpha = \beta$.
Par conséquent,

$$\left\|f\right\|_{q,+\infty,\alpha} = \sup_{r>0} \lambda\left(B_{(e,r)}\right)^{\frac{1}{\alpha}-\frac{1}{q}} \left\|f\right\|_{q,+\infty}^{\pi_r} = \sup_{r>0} \sup_{E \in \pi_r} \lambda\left(B_{(e,r)}\right)^{\frac{1}{\alpha}-\frac{1}{q}} \left\|f\chi_E\right\|_q.$$

Or
$$\forall E \in \pi_r \text{ et } \forall x \in E,\ E \subset B_{(x,r)}.$$

3. INTÉGRALE FRACTIONNAIRE SUR LES ESPACES $(L^Q, L^P)^\alpha(G)$

Donc

$$\|f\|_{q,+\infty,\alpha} \leq \sup_{r>0} \sup_{x \in G} \lambda\left(B_{(e,r)}\right)^{\frac{1}{\alpha}-\frac{1}{q}} \left\|f\chi_{B_{(x,r)}}\right\|_q \leq \|m_{q,\alpha}f\|_{+\infty} = \|m_{q,\beta}f\|_{+\infty}.$$

Dans ce cas, nous avons $D = 1$.

b) Supposons que $u < +\infty$.

Considérons deux éléments r et r' de $]0\,;\,+\infty[$. Nous avons :

$$\lambda\left(B_{(e,r)}\right)^{\frac{1}{\beta}-\frac{1}{q}} \left(|f|^q * \chi_{B_{(e,r)}}\right)^{\frac{1}{q}}(x) = \lambda\left(B_{(e,r)}\right)^{\frac{1}{\beta}-\frac{1}{q}} \left(\int_{B_{(x,r)}} |f(t)|^q\,d\lambda(t)\right)^{\frac{1}{q}} \leq m_{q,\beta}f(x), \tag{3.14}$$

pour λ-presque tout x dans G.

D'après la proposition 2.3.6, il existe une constante C telle que :

$$\lambda\left(B_{(e,rr')}\right)^{\frac{1}{s}-\frac{1}{u}-\frac{1}{v}} B_{(e,r')} \|m_{q,\beta}f\|_{u,v} \leq C \|m_{q,\beta}f\|_{u,v,s}.$$

Ce qui peut encore s'écrire :

$$\lambda\left(B_{(e,rr')}\right)^{\frac{1}{s}-\frac{1}{u}-\frac{1}{v}} \left(\left\||m_{q,\beta}f|^u * \chi_{B_{(e,r')}}\right\|_{\frac{v}{u}}\right)^{\frac{1}{u}} \leq C \|m_{q,\beta}f\|_{u,v,s}. \tag{3.15}$$

Des relations (3.14) et (3.15), il ressort que :

$$\lambda\left(B_{(e,rr')}\right)^{\frac{1}{s}-\frac{1}{u}-\frac{1}{v}} \left[\left\|\left(|f|^q * \chi_{B_{(e,r)}}\right)^{\frac{u}{q}} * \chi_{B_{(e,r')}}\right\|_{\frac{v}{u}}\right]^{\frac{1}{u}} \leq C\lambda\left(B_{(e,r)}\right)^{\frac{1}{q}-\frac{1}{\beta}} \|m_{q,\beta}f\|_{u,v,s}.$$

Or, pour tout élément x de G, nous avons :

$$\left[\left(|f|^q * \chi_{B_{(e,r)}}\right)^{\frac{u}{q}} * \chi_{B_{(e,r')}}\right](x) = \int_{B_{(x,r')}} \left(\int_{B_{(y,r)}} |f(t)|^q\,d\lambda(t)\right)^{\frac{u}{q}} d\lambda(y).$$

Prenons $r' = \dfrac{r}{2\gamma}$ et remarquons que pour tous x et y dans G,

$$\left(y \in B_{(x,r')}\right) \implies \left(B_{(x,r')} \subset B_{(y,r)}\right).$$

Nous avons alors :

$$\left(\int_{B_{(x,r')}} |f(t)|^q\,d\lambda(t)\right)^{\frac{u}{q}} \leq \left(\int_{B_{(y,r)}} |f(t)|^q\,d\lambda(t)\right)^{\frac{u}{q}}, \quad \forall y \in B_{(x,r')}.$$

Donc pour tout x dans G,

$$\begin{aligned}\lambda\left(B_{(e,r')}\right)\left(|f|^q * \chi_{B_{(e,r')}}\right)^{\frac{u}{q}}(x) &\leq \int_{B_{(x,r')}} \left(\int_{B_{(y,r)}} |f(t)|^q\,d\lambda(t)\right)^{\frac{u}{q}} d\lambda(y) \\ &= \left[\left(|f|^q * \chi_{B_{(e,r)}}\right)^{\frac{u}{q}} * \chi_{B_{(e,r')}}\right](x).\end{aligned}$$

Ainsi,

$$\lambda\left(B_{(e,r')}\right)^{\frac{1}{u}}\left\|\left(|f|^q * \chi_{B_{(e,r')}}\right)^{\frac{u}{q}}\right\|_{\frac{v}{u}}^{\frac{1}{u}} \leq \left\|\left(|f|^q * \chi_{B_{(e,r)}}\right)^{\frac{u}{q}} * \chi_{B_{(e,r')}}\right\|_{\frac{v}{u}}^{\frac{1}{u}}$$

$$\leq C\lambda\left(B_{(e,r)}\right)^{\frac{1}{q}-\frac{1}{\beta}}\lambda\left(B_{(e,r')}\right)^{-\frac{1}{s}+\frac{1}{u}+\frac{1}{v}}\|m_{q,\beta}f\|_{u,v,s};$$

ce qui peut encore s'écrire

$$(2\gamma)^{\rho\left(\frac{1}{\beta}-\frac{1}{q}\right)}\lambda\left(B_{(e,r')}\right)^{\frac{1}{\alpha}-\frac{1}{q}-\frac{1}{v}}\left\||f|^q * \chi_{B_{(e,r)}}\right\|_{\frac{v}{q}}^{\frac{1}{q}} \leq C\|m_{q,\beta}f\|_{u,v,s},$$

ou encore

$$(2\gamma)^{\rho\left(\frac{1}{\beta}-\frac{1}{q}\right)}\lambda\left(B_{(e,r')}\right)^{\frac{1}{\alpha}-\frac{1}{q}-\frac{1}{v}}{}_{B_{(e,r)}}\|f\|_{q,v} \leq C\|m_{q,\beta}f\|_{u,v,s}.$$

Appliquons une fois de plus la proposition 2.3.6 ; il existe une constante C telle que

$$\|f\|_{q,v,\alpha} \leq C\|m_{q,\beta}f\|_{u,v,s}.$$

D'où le résultat. ∎

A l'aide de ces résultats sur l'opérateur maximal fractionnaire de Hardy-Littlewood, nous allons démontrer dans le paragraphe suivant, certaines propriétés de l'intégrale fractionnaire.

3.3 Intégrale fractionnaire

Nous commençons par nous placer dans un espace de type homogène (X,d,μ).

Définition 3.3.1 *Soient un réel α tel que $0 < \alpha < 1$ et un élément f de $L_0(X,d,\mu)$. L'intégrale fractionnaire de f est la fonction $I_\alpha f$ définie par :*

$$I_\alpha f(x) = \int_X \frac{f(y)d\mu(y)}{\mu\left(B_{(x,d(x,y))}\right)^{(1-\alpha)}}.$$

Remarquons que dans le cas où (X,d,μ) est le groupe de type homogène $(G,|\ |,\lambda)$, et ρ la constante qui vérifie $\lambda\left(B_{(x,r)}\right) = r^\rho$ pour tout élément (x,r) de $G \times \mathbb{R}_+^*$, nous avons

$$I_\alpha f(x) = \int_G \frac{f(y)d\lambda(y)}{\lambda\left(B_{(x,d(x,y))}\right)^{(1-\alpha)}} = \int_G \frac{f(y)d\lambda(y)}{|x^{-1}y|^{\rho(1-\alpha)}},$$

Nous rappelons quelques résultats établis par Pan Wenjie dans [13] :

1- Soit α un réel tel que $0 < \alpha < 1$. Il existe une constante réelle C_0 telle que pour tout élément positif f de $L_0(X,d,\mu)$ borné et à support borné, nous ayons :

$$M\left(I_{\alpha}f\right)(x) \leq C_0 I_{\alpha}f(x) \, \forall x \in X,$$

où $M\left(f\right)(x) = \sup\limits_{B:x\in B}\dfrac{1}{\mu\left(B\right)}\int_B |f(x)|\,d\mu(x)$.

2- Soit E un sous-ensemble ouvert de X tel que $E \neq X$ et $\mu\left(E\right) < +\infty$. Alors il existe une famille de boules $\{B_{(x_i,r_i)}, \, i \in I\}$ deux à deux disjointes et deux constantes réelles b et m telles que

(i) $E = \bigcup\limits_{i\in I} B_{(x_i,br_i)}$.

(ii) $\sum\limits_{i\in I}\chi_{B_{(x_i,2\kappa br_i)}} \leq m\chi_E$, κ désignant la constante de la définition 2.2.1.

(iii) $B_{(x_i,4\kappa^2 br_i)} \cap (X\backslash E) \neq \emptyset$.

3- Soient α et p deux éléments de $]0\,;\,+\infty[$ tels que $0 < \alpha < 1$ et $1 \leq p < \dfrac{1}{\alpha}$.

(i) si $1 < p < \dfrac{1}{\alpha}$ et $\dfrac{1}{q} = \dfrac{1}{p} - \alpha$, alors il existe une constante réelle C telle que

$$\|I_{\alpha}f\|_{q,\mu} \leq C \|f\|_{p,\mu}.$$

(ii) si $p = 1$ et a un réel strictement positif, alors il existe une constante réelle C telle que

$$\mu(\{x \in X/\,|I_{\alpha}f(x)| > a\}) \leq \left(\dfrac{C}{a}\|f\|_{1,\mu}\right)^{\frac{1}{1-\alpha}}.$$

Le théorème 3.3.3 est une généralisation au cas des espaces de type homogène, du théorème 1 de [12]. Mais avant de l'énoncer, nous donnons la définition suivante :

Définition 3.3.2 *Soit w une fonction poids sur (X,d,μ). On dit que w appartient à la classe (ou vérifie la condition) $\mathcal{A}_{\infty}$ au sens de Muckenhoupt, si pour tout réel $\varepsilon > 0$, il existe un réel $\delta > 0$ tel que pour toute boule B de (X,d,μ) et tout sous-ensemble μ-mesurable E de B tel que $\mu\left(E\right) \leq \delta\mu\left(B\right)$, nous ayons*

$$\int_E w(x)d\mu(x) \leq \varepsilon \int_B w(x)d\mu(x).$$

Théorème 3.3.3 *Soient (X,d,μ) un espace de type homogène, q un réel tel que $0 < q < +\infty$ et w une fonction poids vérifiant la condition $\mathcal{A}_{\infty}$. Il existe une constante réelle C telle que :*

$$\sup_{a>0} a^q \int_{E_a} w(x)d\mu(x) \leq C\sup_{a>0} a^q \int_{F_a} w(x)d\mu(x), \; \forall f \in L_0(X,d,\mu), \qquad (3.16)$$

où $E_a = \{x \in X \,/\, |I_\alpha f(x)| > a\}$ et $F_a = \left\{x \in X \,/\, m_{1,\frac{1}{\alpha}} f(x) > a\right\}$.

Preuve : Soit f un élément de $L_0(X, d, \mu)$. Nous pouvons supposer que :
- f est positif ; car en remplaçant $f(x)$ par sa valeur absolue, nous ne faisons qu'augmenter le membre de gauche.
- f est localement intégrable ; car dans le cas contraire, l'inégalité serait triviale.
- w est localement intégrable ; car dans le cas contraire le membre de droite serait infini si $f \neq O$.

a) Supposons que f est borné et à support borné.

D'après le lemme 6 de Pan Wenjie [13],
$$\exists C_0 > 0 \text{ tel que } \forall x \in X, \; I_\alpha f(x) \leq M(I_\alpha f)(x) \leq C_0 I_\alpha f(x),$$
où C_0 est une constante indépendante de f.

Soit $0 < \theta$. Posons
$$\tilde{E}_\theta = \{x \in X \,/\, |M(I_\alpha f)(x)| > \theta\} \text{ et } E_\theta = \{x \in X \,/\, |I_\alpha f(x)| > \theta\}.$$

$\tilde{E}_\theta$ est un ouvert de (X, d, μ).

D'après le théorème 1 de [13], si q_0 et p_0 sont deux réels tels
$$1 < p_0 < \frac{1}{\alpha} \text{ et } \frac{1}{q_0} = \frac{1}{p_0} - \alpha,$$
alors il existe une constante réelle C telle que :
$$\begin{aligned} \mu\left(\tilde{E}_\theta\right) &\leq \theta^{-q_0} \int_X [M(I_\alpha f)(x)]^{q_0} \, d\mu(x) \\ &\leq C_0 \theta^{-q_0} \int_X [I_\alpha f(x)]^{q_0} \, d\mu(x) \\ &\leq C \theta^{-q_0} \left[\int_X [f(x)]^{p_0} \, d\mu(x)\right]^{\frac{q_0}{p_0}} < +\infty. \end{aligned}$$

D'après le lemme 8 de [13], il existe une famille $\left\{B_{(x_i, r_i)} \,;\, i \in J\right\}$ dénombrable de boules deux à deux disjointes, deux constantes réels $M = M(\mu, d)$ et $c = c(\mu, d)$, telles que :
$$\begin{cases} \tilde{E}_\theta = \cup_{i \in J} B_{(x_i, cr_i)} \\ \sum_{i \in J} \chi_{B_{(x_i, 2\kappa cr_i)}} \leq M \chi_{\tilde{E}_\theta} \\ B_{(x_i, 4\kappa^2 cr_i)} \cap \left(X \backslash \tilde{E}_\theta\right) \neq \emptyset, \forall i \in J \end{cases}.$$

Considérons (a, ε) dans $]1\,;\,+\infty[\,\times\,]0\,;\,1]$, et posons :
$$\begin{aligned} F_{\theta, \varepsilon} &= \left\{x \in X \,/\, m_{1, \frac{1}{\alpha}} f(x) > \theta \varepsilon\right\}, \\ J_1 &= \left\{i \in J \,/\, B_{(x_i, cr_i)} \subset F_{\theta, \varepsilon}\right\}, \\ J_2 &= J \setminus J_1 = \left\{i \in J \,/\, B_{(x_i, cr_i)} \setminus F_{\theta, \varepsilon} \neq \emptyset\right\}. \end{aligned}$$

3. INTÉGRALE FRACTIONNAIRE SUR LES ESPACES $(L^Q, L^P)^\alpha (G)$

Puisque

$$E_{\theta a} = \{x \in X \ / \ I_\alpha f(x) > \theta a\} \subset E_\theta \subset \widetilde{E}_\theta = \underset{i \in J}{\cup} B_{(x_i, cr_i)},$$

nous avons

$$E_{\theta a} = \left[\underset{i \in J_1}{\cup} \left(E_{\theta a} \cap B_{(x_i, cr_i)}\right)\right] \cup \left[\underset{i \in J_2}{\cup} \left(E_{\theta a} \cap B_{(x_i, cr_i)}\right)\right].$$

(i) Montrons qu'il existe une constante $a_0 > 1$ et une constante K, toutes deux dépendant uniquement de (X, d, μ) et de α, telles que pour tout $a > a_0$ et pour tout ε élément de $]0 \ ; 1]$, nous ayons :

$$\mu\left(\{x \in B_{(x_i, cr_i)} / I_\alpha f(x) > a\theta\}\right) \leq K\mu\left(B_{(x_i, cr_i)}\right)\left(\frac{\varepsilon}{a}\right)^{\frac{1}{1-\alpha}}, \ \forall i \in J_2. \tag{3.17}$$

Soit un élément B de $\left\{B_{(x_i, cr_i)} \ / \ i \in J_2\right\}$:

$$\exists t \in B \text{ tel que } m_{1, \frac{1}{\alpha}} f(t) \leq \varepsilon \theta.$$

Nous définissons les éléments g et h de $L_0(X, d, \mu)$ par

$$g = f\chi_{2\kappa B} \text{ et } h = f - g.$$

Il existe d'après le théorème 1 de [13], une constante réelle C telle que :

$$\mu\left(\left\{x \in X \ / \ I_\alpha g(x) > \frac{a\theta}{2}\right\}\right) \leq C \left(\frac{1}{a\theta}\int_X g(x)d\mu(x)\right)^{\frac{1}{1-\alpha}}. \tag{3.18}$$

Désignons par B_t la boule de centre t et de rayon $(2\kappa^2 + \kappa)$ fois celui de B. Nous avons $2\kappa B \subset B_t$; car si x est un élément de $2\kappa B$, alors

$$\begin{aligned}d(t, x) &\leq \kappa\left(d\left(t, x_B\right) + d\left(x_B, x\right)\right) \\ &\leq \kappa\left(r(B) + 2\kappa r(B)\right) = (2\kappa^2 + \kappa)\,r(B).\end{aligned}$$

Par conséquent,

$$\begin{aligned}\int_X g(x)d\mu(x) &\leq \int_{B_t} f(x)d\mu(x) \\ &\leq \mu(B_t)^{1-\alpha} m_{1, \frac{1}{\alpha}} f(t) \\ &\leq \left[A_\mu\left(2\kappa^2 + \kappa\right)^{D_\mu}\right]^{1-\alpha} \mu(B)^{1-\alpha} m_{1, \frac{1}{\alpha}} f(t) \leq P^{1-\alpha} \mu(B)^{1-\alpha} \varepsilon\theta,\end{aligned}$$

avec $\quad P = A_\mu\left(2\kappa^2 + \kappa\right)^{D_\mu}$.

La relation (3.18) devient

$$\mu\left(\left\{x \in X \ / \ I_\alpha g(x) > \frac{a\theta}{2}\right\}\right) \leq K\mu(B)\left(\frac{\varepsilon}{a}\right)^{\frac{1}{1-\alpha}},$$

avec K constante dépendant uniquement de (X, d, μ) et α.

Soit s un élément de $4\kappa^2 B$ tel que $M(I_\alpha f)(s) \leq \theta$ et par conséquent $I_\alpha f(s) \leq \theta$:

$$\forall x \in B, \forall y \in X \setminus 2\kappa B, \begin{cases} d(s,y) \leq (4\kappa^3 + 2\kappa^2) d(x,y) \\ B_{(s,d(s,y))} \subset B_{(s,(4\kappa^3+2\kappa^2)d(x,y))} \subset B_{(x,(8\kappa^4+2\kappa^3+\kappa^2)d(x,y))} \end{cases}.$$

D'où pour tout élément x de B,

$$\begin{aligned} I_\alpha h(x) &= \int_{X \setminus 2\kappa B} \frac{f(y)}{\mu\left(B_{(x,d(x,y))}\right)^{1-\alpha}} d\mu(y) \\ &\leq \left[A_\mu \left(8\kappa^4 + 2\kappa^3 + \kappa^2\right)^{D_\mu}\right]^{1-\alpha} \int_{X \setminus 2\kappa B} \frac{f(y)}{\mu\left(B_{(s,d(s,y))}\right)^{1-\alpha}} d\mu(y) \\ &\leq \left[A_\mu \left(8\kappa^4 + 2\kappa^3 + \kappa^2\right)^{D_\mu}\right]^{1-\alpha} \theta. \end{aligned}$$

Prenons $a_0 = 2\left[A_\mu \left(8\kappa^4 + 2\kappa^3 + \kappa^2\right)^{D_\mu}\right]^{1-\alpha}$. Si $a \geq a_0$, alors

$$\forall x \in B, \ I_\alpha h(x) \leq \frac{a\theta}{2}.$$

De sorte que

$$\{x \in B \ / \ I_\alpha f(x) > \theta a\} \subset \left\{x \in B \ / \ I_\alpha g(x) > \frac{a\theta}{2}\right\}$$

et

$$\mu(\{x \in B \ / \ I_\alpha f(x) > a\theta\}) \leq K\mu(B) \left(\frac{\varepsilon}{a}\right)^{\frac{1}{1-\alpha}}.$$

(ii) Etablissons maintenant notre résultat :

nous supposons a et K comme au (i).

Posons $E_{\theta a}^1 = \bigcup_{i \in J_1} \left(E_{\theta a} \cap B_{(x_i, c r_i)}\right)$ et $E_{\theta a}^2 = \bigcup_{i \in J_2} \left(E_{\theta a} \cap B_{(x_i, c r_i)}\right)$.

Nous avons $E_{\theta a}^1 \subset F_{\theta, \varepsilon}$, et

$$\begin{aligned} \int_{E_{\theta a}} w(x) d\mu(x) &\leq \int_{F_{\theta,\varepsilon}} w(x) d\mu(x) + \int_{E_{\theta a}^2 \setminus F_{\theta,\varepsilon}} w(x) d\mu(x) \\ &\leq \int_{F_{\theta,\varepsilon}} w(x) d\mu(x) + \sum_{i \in J_2} \int_{B_{(x_i, c r_i)} \cap \left(E_{\theta a} \setminus F_{\theta,\varepsilon}\right)} w(x) d\mu(x). \end{aligned}$$

Soit $\rho > 0$:

$$\exists \delta \in \mathbb{R}_+^* \ \text{tel que} \ \forall E \subset B, \ \mu(E) \leq \delta \mu(B) \Longrightarrow \int_E w(x) d\mu(x) \leq \rho \int_B w(x) d\mu(x).$$

et

$$\exists \overline{\varepsilon} \in]0\,;\,1] \ \text{tel que} \ K\left(\frac{\overline{\varepsilon}}{a}\right)^{\frac{1}{1-\alpha}} < \delta.$$

3. INTÉGRALE FRACTIONNAIRE SUR LES ESPACES $(L^Q, L^P)^\alpha (G)$

Prenant dans (3.17) $0 < \varepsilon \leq \overline{\varepsilon}$, nous obtenons

$$\mu\left(B_{(x_i, cr_i)} \cap E_{\theta a}\right) < \delta \mu\left(B_{(x_i, cr_i)}\right), \ \forall i \in J_2.$$

Par suite

$$\int_{B_{(x_i, cr_i)} \cap E_{\theta a}} w(x) d\mu(x) \leq \rho \int_{B_{(x_i, cr_i)}} w(x) d\mu(x), \ \forall i \in J_2.$$

Il s'ensuit que

$$\begin{aligned}
\int_{E_{\theta a}} w(x) d\mu(x) &\leq \int_{F_{\theta,\varepsilon}} w(x) d\mu(x) + \rho \sum_{i \in J_2} \int_{B_{(x_i, cr_i)}} w(x) d\mu(x) \\
&\leq \int_{F_{\theta,\varepsilon}} w(x) d\mu(x) + \rho M \int_{\widetilde{E}_\theta} w(x) d\mu(x).
\end{aligned}$$

Puisque

$$\widetilde{E}_\theta \subset E_{\frac{\theta}{C_0}} \subset \left(E_{\frac{\theta}{C_0}} \cap 2\kappa B_0\right) \cup F_{\theta, \frac{1}{C_0 L^{1-\alpha}}},$$

où $L = A_\mu (2\kappa^2 + \kappa)^{D_\mu}$ et $\mathrm{supp} f \subset B_0$, nous avons

$$\int_{E_{\theta a}} w(x) d\mu(x) \leq \int_{F_{\theta,\varepsilon}} w(x) d\mu(x) + \rho M \int_{E_{\frac{\theta}{C_0}} \cap 2\kappa B_0} w(x) d\mu(x) + \rho M \int_{F_{\theta, \frac{1}{C_0 L^{1-\alpha}}}} w(x) d\mu(x).$$

Choisissant $\varepsilon < \dfrac{1}{C_0 L^{1-\alpha}}$, nous avons

$$\int_{E_{\theta a}} w(x) d\mu(x) \leq (1 + \rho M) \int_{F_{\theta,\varepsilon}} w(x) d\mu(x) + \rho M \int_{E_{\frac{\theta}{C_0}} \cap 2\kappa B_0} w(x) d\mu(x).$$

Soit N un élément de $\mathbb{N}^*$. Puisque pour tout réel θ de $\mathbb{R}_+^*$,

$$\begin{aligned}
(\theta a)^q \int_{E_{\theta a}} w(x) d\mu(x) &\leq (1 + \rho M) \left(\frac{a}{\varepsilon}\right)^q (\theta \varepsilon)^q \int_{F_{\theta,\varepsilon}} w(x) d\mu(x) \\
&+ \rho M \left(\frac{\theta}{C_0}\right)^q (C_0 a)^q \int_{E_{\frac{\theta}{C_0}} \cap 2\kappa B_0} w(x) d\mu(x),
\end{aligned}$$

nous avons

$$\begin{aligned}
\sup_{0 < s < N} s^q \int_{E_s} w(x) d\mu(x) &\leq (1 + \rho M) \left(\frac{a}{\varepsilon}\right)^q \sup_{0 < s < N\frac{\varepsilon}{a}} s^q \int_{F_{s,1}} w(x) d\mu(x) \\
&+ \rho M (C_0 a)^q \sup_{0 < s < \frac{N}{aC_0}} s^q \int_{E_s \cap 2\kappa B_0} w(x) d\mu(x).
\end{aligned}$$

Comme $\sup\limits_{0 < s < \frac{N}{aC_0}} s^q \int_{E_s \cap 2\kappa B_0} w(x) d\mu(x) \leq \sup\limits_{0 < s < N} s^q \int_{E_s \cap 2\kappa B_0} w(x) d\mu(x) < +\infty$, pour $\rho = \dfrac{1}{2M(C_0 a)^q}$ nous avons

$$\frac{1}{2} \sup_{0 < s < N} s^q \int_{E_s} w(x) d\mu(x) \leq \left(1 + \frac{1}{2(C_0 a)^q}\right) \left(\frac{a}{\varepsilon}\right)^q \sup_{0 < s < N\frac{\varepsilon}{a}} s^q \int_{F_{s,1}} w(x) d\mu(x), \ \forall N \in \mathbb{N}^*.$$

Donc
$$\sup_{s>0} s^q \int_{E_s} w(x)d\mu(x) \leq C \sup_{s>0} s^q \int_{F_s} w(x)d\mu(x). \quad (3.19)$$

b) Pour un élément positif quelconque f de $L_0(X, d, \mu)$ et pour un élément x_0 fixé dans X, posons $f^k = f\chi_{B_{(x_0,k)}}$, $f_k^k = f^k \chi_{E_k^k}$ et $E_k^k = \{x \in B_{(x_0,k)} \,/\, |f(x)| \leq k\}$.

Puisque f_k^k est borné et à support borné pour tout entier naturel k, nous appliquons (3.19) à f_k^k, et nous faisons tendre k vers l'infini. ∎

Pour la suite, nous nous plaçons dans le cas où (X, d, μ) est le groupe de type homogène $(G, |\cdot|, \lambda)$. Etablissons l'analogue du théorème 3.2.5, pour les intégrales fractionnaires.

Théorème 3.3.4 *Soient q, θ, p, p_1, q_1, θ_1 et α des éléments de $]0\,;\,+\infty]$ tels que :*
$$1 \leq q \leq \theta \leq p \text{ avec } 0 < \frac{1}{\theta} - \alpha = \frac{1}{s}$$

et
$$q < q_1 \leq \theta_1 \leq p_1 < +\infty \text{ avec } 0 < \frac{1}{q_1} - \alpha = \frac{1}{t} \leq \frac{1}{p_1},$$

et Φ une fonction de Young doublante dont la fonction conjuguée Φ^* vérifie la condition $B_{\frac{q_1}{q}}$. Nous supposons que v et w sont deux fonctions poids pour lesquelles il existe une constante A telle que pour toute boule B de G

$$\left(\lambda(B)^{-\frac{1}{t}} \|w\chi_B\|_t\right) \left(\|v^{-q}\|_{\Phi,B}^{\frac{1}{q}}\right) \leq A,$$

et que w^t vérifie la condition $\mathcal{A}_\infty$. Alors il existe une constante C telle que pour tout élément f de $L_0(G)$ localement dans $L^q(G)$ et pour tout réel $a > 0$, nous ayons :

$$\left(\int_{E_a} w^t(x)d\lambda(t)\right)^{\frac{1}{t}} \leq C \left(a^{-1}\|fv\|_{q_1,p_1,\theta_1}\right) \left(a^{-1}\|f\|_{q,p,\theta}\right)^{s\left(\frac{1}{q_1}-\frac{1}{\theta_1}\right)},$$

où $E_a = \{x \in G \,/\, |I_\alpha f(x)| > a\}$.

Preuve : Puisque w^t appartient à $\mathcal{A}_{+\infty}$, il existe d'après le théorème 3.3.3 une constante C telle que

$$\sup_{a>0} a^{1+s\left(\frac{1}{q_1}-\frac{1}{\theta_1}\right)} \left(\int_{E_a} w^t(x)d\lambda(x)\right)^{\frac{1}{t}} \leq C \sup_{a>0} a^{1+s\left(\frac{1}{q_1}-\frac{1}{\theta_1}\right)} \left(\int_{F_a} w^t(x)d\lambda(x)\right)^{\frac{1}{t}},$$

avec $F_a = \left\{x \in G \,/\, m_{1,\frac{1}{\alpha}}f(x) > a\right\}$.

Par ailleurs, nous savons que $m_{1,\beta} \leq m_{q,\beta}$ pour tout réel $q > 1$.

Donc d'après le théorème 3.2.5, il existe une constante réelle K telle que pour tout élément f de $L_0(G)$ nous ayons :

$$\sup_{a>0} a^{1+s\left(\frac{1}{q_1}-\frac{1}{\theta_1}\right)} \left(\int_{E_a} w^t(x) d\lambda(x)\right)^{\frac{1}{t}} \leq K \|fv\|_{q_1,p_1,\theta_1} \left(\|f\|_{q,p,\theta}\right)^{s\left(\frac{1}{q_1}-\frac{1}{\theta_1}\right)} ;$$

c'est-à-dire que pour tout réel $a > 0$,

$$\left(\int_{E_a} w^t(x) d\lambda(t)\right)^{\frac{1}{t}} \leq K \left(a^{-1} \|fv\|_{q_1,p_1,\theta_1}\right) \left(a^{-1} \|f\|_{q,p,\theta}\right)^{s\left(\frac{1}{q_1}-\frac{1}{\theta_1}\right)} . \blacksquare$$

Dans le cas où $q_1 = \theta_1$, nous obtenons la proposition suivante :

Proposition 3.3.5 *Soient q, q_1 et α des éléments de $]0 ; +\infty]$ tels que :*

$$1 \leq q < q_1 \text{ et } 0 < \frac{1}{q_1} - \alpha = \frac{1}{t},$$

et Φ une fonction de Young doublante dont la fonction conjugué Φ^* vérifie la condition $B_{\frac{q_1}{q}}$. Nous supposons que v et w sont deux fonctions poids pour lesquelles il existe une constante A telle que, pour toute boule B de G

$$\left(\lambda(B)^{-\frac{1}{t}} \|w\chi_B\|_t\right) \left(\|v^{-q}\|_{\Phi,B}^{\frac{1}{q}}\right) \leq A,$$

et que w^t vérifie la condition $\mathcal{A}_\infty$.

Alors il existe une constante C telle que pour tout élément f de $L_0(G)$ localement dans $L^q(G)$, et pour tout réel $a > 0$, nous ayons :

$$\left(\int_{E_a} w^t(x) d\lambda(t)\right)^{\frac{1}{t}} \leq C a^{-1} \|fv\|_{q_1},$$

où $E_a = \{x \in G / |I_\alpha f(x)| > a\}$.

Les deux propositions suivantes, qui traduisent la continuité de l'opérateur intégral I_α entre les espaces $(L^q, L^p)^\theta(G)$ et $L^{s,+\infty}(G)$, et entre les espaces $L^{\theta,s}(G)$ et $L^s(G)$, se démontrent comme dans [6].

Proposition 3.3.6 *Soient q, p, θ et α des éléments de $]0 ; +\infty[$ tels que*

$$1 \leq q \leq \theta \leq p \text{ et } 0 < \frac{1}{\theta} - \alpha = \frac{1}{s} \leq \frac{1}{q} - \alpha \leq \frac{1}{p}.$$

Il existe une constante réelle $L > 0$, telle que pour tout élément f de $L_0(G)$ appartenant localement à $L^q(G)$, nous ayons :

$$\|I_\alpha f\|_{s,+\infty}^* \leq L \|f\|_{q,p,\theta}.$$

Proposition 3.3.7 *Soient θ et α, des éléments de $]0\,;\,+\infty[$ tels que*
$$1 < \theta < \frac{1}{\alpha} \text{ et } \frac{1}{\theta} - \alpha = \frac{1}{s}.$$
Il existe une constante réelle $L > 0$ telle que pour tout élément f de $L^{\theta,s}(G)$ appartenant localement à $L^\theta(G)$, nous ayons :
$$\|I_\alpha f\|_s \leq L \|f\|_{\theta,s}^*.$$

On sait depuis longtemps que pour l'intégrale fractionnaire $I_\alpha f(x) = \int_{\mathbb{R}^n} \frac{f(y)}{|x-y|^{n-\alpha}} dy$, et son opérateur maximal fractionnaire associé $M_\alpha f(x) = \sup_{B:x \in B} r(B)^{\alpha-n} \int_B |f(y)|\, dy$, il existe une constante C telle que $M_\alpha f(x) \leq C I_\alpha f(x)$, pour presque tout x dans $\mathbb{R}^n$. L'inégalité contraire à celle ci-dessus étant fausse, Muckenhoupt et Wheeden ont montré dans [12] que si w est une fonction poids vérifiant la condition $\mathcal{A}_\infty$ et $0 < p < +\infty$, alors on a
$$\int_{\mathbb{R}^n} |I_\alpha f(x)|^p w(x) dx \leq C \int_{\mathbb{R}^n} M_\alpha f(x)^p w(x) dx,$$
C étant une constante indépendante de f. Pérez et Wheeden ont ensuite généralisé ce résultat dans le cas des espaces de type homogène, en affaiblissant les conditions sur le poids (voir [15]).

Dans ce qui suit, nous généralisons ce résultat aux espaces $(L^q, L^p)^\alpha (G)$.

Lemme 3.3.8 *Soit $(q, s, \theta, p, \beta, \alpha)$ un élément de $[1\,;\,+\infty]^5 \times]0\,;\,1[$ tel que :*
$$1 \leq s,\, q \leq \theta < \frac{1}{\alpha} < \beta \text{ et } \theta \leq p.$$
Il existe une constante réelle K telle que pour tout élément (x, f) de $G \times L_0(G)$, nous ayons
$$|I_\alpha f(x)| \leq K \|f\|_{q,p,\theta}^{\theta\left(\frac{\alpha\beta-1}{\beta-\theta}\right)} [m_{s,\beta} f(x)]^{1-\theta\left(\frac{\alpha\beta-1}{\beta-\theta}\right)}. \tag{3.20}$$

Preuve : Soient un élément positif f de $L_0(G)$, et un élément x de G.

Si $f = O$ ou si f n'appartient pas à $(L^q, L^p)^\theta(G)$ ou $m_{s,\beta} f(x) = +\infty$, alors l'inégalité est trivialement vérifiée.

Supposons que $0 < \|f\|_{q,p,\theta} < +\infty$ et $0 < m_{s,\beta} f(x) < +\infty$.

Soit r un réel strictement positif.

$$\begin{aligned} I_\alpha f(x) &= \int_G \frac{f(y)}{|x^{-1}y|^{\rho(1-\alpha)}} d\lambda(y) \\ &= \int_{|x^{-1}y|<r} \left(\frac{f(y)}{|x^{-1}y|^{\rho(1-\alpha)}}\right) d\lambda(y) + \int_{|x^{-1}y|\geq r} \left(\frac{f(y)}{|x^{-1}y|^{\rho(1-\alpha)}}\right) d\lambda(y). \end{aligned}$$

3. INTÉGRALE FRACTIONNAIRE SUR LES ESPACES $(L^Q, L^P)^\alpha (G)$

Posons :

$$J_1(x) = \int_{|x^{-1}y|<r} \left(\frac{f(y)}{|x^{-1}y|^{\rho(1-\alpha)}} \right) d\lambda(y) \text{ et } J_2(x) = \int_{|x^{-1}y|\geq r} \left(\frac{f(y)}{|x^{-1}y|^{\rho(1-\alpha)}} \right) d\lambda(y). \quad (3.21)$$

Nous avons $\quad I_\alpha f(x) = J_1(x) + J_2(x)$.

Évaluons séparément $J_1(x)$ et $J_2(x)$.

Désignons par a un réel strictement supérieur à 1.

$$\begin{aligned}
J_1(x) &= \int_{|x^{-1}y|<r} \left(\frac{f(y)}{|x^{-1}y|^{\rho(1-\alpha)}} \right) d\lambda(y) = \sum_{k=0}^{+\infty} \int_{a^{-k-1}r \leq |x^{-1}y| < a^{-k}r} \left(\frac{f(y)}{|x^{-1}y|^{\rho(1-\alpha)}} \right) d\lambda(y) \\
&\leq \sum_{k=0}^{+\infty} \left(a^{-k-1}r \right)^{\rho(\alpha-1)} \int_{B_{(x,a^{-k}r)}} f(y) d\lambda(y) \\
&\leq \sum_{k=0}^{+\infty} \left(a^{-k-1}r \right)^{\rho(\alpha-1)} \left(a^{-k}r \right)^{\rho\left(1-\frac{1}{s}\right)} \left\| f \chi_{B_{(x,a^{-k}r)}} \right\|_s \\
&\leq a^{-\rho(\alpha-1)} \sum_{k=0}^{+\infty} \left(a^{-k}r \right)^{\rho\left(\alpha-\frac{1}{\beta}\right)} m_{s,\beta} f(x) \leq \frac{a^{-\rho(\alpha-1)}}{1-a^{-\rho\left(\alpha-\frac{1}{\beta}\right)}} \lambda \left(B_{(e,r)} \right)^{\alpha-\frac{1}{\beta}} m_{s,\beta} f(x).
\end{aligned}$$

Donc $\quad J_1(x) \leq A \lambda \left(B_{(e,r)} \right)^{\alpha-\frac{1}{\beta}} m_{s,\beta} f(x)$, avec $A = \dfrac{a^{-\rho(\alpha-1)}}{1-a^{-\rho\left(\alpha-\frac{1}{\beta}\right)}}$.

$$\begin{aligned}
J_2(x) &= \int_{|x^{-1}y|\geq r} \left(\frac{f(y)}{|x^{-1}y|^{\rho(1-\alpha)}} \right) d\lambda(y) = \sum_{k=0}^{+\infty} \int_{a^k r \leq |x^{-1}y| < a^{k+1}r} \left(\frac{f(y)}{|x^{-1}y|^{\rho(1-\alpha)}} \right) d\lambda(y) \\
&\leq \sum_{k=0}^{+\infty} \left(a^k r \right)^{\rho(\alpha-1)} \int_{B_{(x,a^{k+1}r)}} f(y) d\lambda(y) \\
&\leq \sum_{k=0}^{+\infty} \left(a^k r \right)^{\rho(\alpha-1)} \left(a^{k+1}r \right)^{\rho\left(1-\frac{1}{q}\right)} \left\| f \chi_{B_{(x,a^{k+1}r)}} \right\|_q.
\end{aligned}$$

Or

$$\left\| f \chi_{B_{(x,a^{k+1}r)}} \right\|_q \leq \left(4\gamma^4 + 3\gamma^2 \right)^{\frac{\rho(p-q)}{pq}} \|f\|_{q,p}^{\pi_{a^{k+1}r}}.$$

D'où,

$$\begin{aligned}
J_2(x) &\leq \left[\left(4\gamma^4 + 3\gamma^2 \right)^{\frac{\rho(p-q)}{pq}} a^{\rho\left(1-\frac{1}{\theta}\right)} \sum_{k=0}^{+\infty} \left(a^{\rho\left(\alpha-\frac{1}{\theta}\right)} \right)^k \right] \lambda \left(B_{(e,r)} \right)^{\alpha-\frac{1}{\theta}} \|f\|_{q,p,\theta} \\
&\leq \frac{\left(4\gamma^4 + 3\gamma^2 \right)^{\frac{\rho(p-q)}{pq}} a^{\rho\left(1-\frac{1}{\theta}\right)}}{1 - a^{\rho\left(\alpha-\frac{1}{\theta}\right)}} \lambda \left(B_{(e,r)} \right)^{\alpha-\frac{1}{\theta}} \|f\|_{q,p,\theta}.
\end{aligned}$$

Donc

$$J_2(x) \leq D \lambda \left(B_{(e,r)} \right)^{\alpha-\frac{1}{\theta}} \|f\|_{q,p,\theta},$$

avec $\quad D = \dfrac{\left(4\gamma^4 + 3\gamma^2 \right)^{\frac{\rho(p-q)}{pq}} a^{\rho\left(1-\frac{1}{\theta}\right)}}{1 - a^{\rho\left(\alpha-\frac{1}{\theta}\right)}}$.

Ainsi,

$$I_\alpha f(x) \leq A \lambda \left(B_{(e,r)} \right)^{\alpha-\frac{1}{\beta}} m_{s,\beta} f(x) + D \lambda \left(B_{(e,r)} \right)^{\alpha-\frac{1}{\theta}} \|f\|_{q,p,\theta}, \forall r \in \mathbb{R}_+^*. \quad (3.22)$$

Puisque $0 < \|f\|_{q,p,\theta} < +\infty$ et $0 < m_{s,\beta}f(x) < +\infty$, prenons dans (3.22),

$$r = \left[\frac{\|f\|_{q,p,\theta}}{m_{s,\beta}f(x)}\right]^{\tau\rho^{-1}},$$

avec $\tau = \dfrac{\theta\beta}{\beta - \theta}$. Nous obtenons

$$I_\alpha f(x) \leq (A+D)\|f\|_{q,p,\theta}^{\theta\left(\frac{\alpha\beta-1}{\beta-\theta}\right)} [m_{s,\beta}f(x)]^{\frac{\beta(1-\alpha\theta)}{\beta-\theta}}.$$

D'où le résultat, en remarquant que $\dfrac{\beta(1-\alpha\theta)}{\beta-\theta} = 1 - \theta\left(\dfrac{\alpha\beta-1}{\beta-\theta}\right)$. ∎

Remarque 3.3.9 *Si $\beta = +\infty$, $q = \theta$ et $s = 1$, nous retrouvons le lemme démontré par Pan Wenjie dans [13].*

Lemme 3.3.10 *Soient α, β_0, β_1 des éléments de $]0\,;+\infty]$ tels que :*

$$0 \leq \frac{1}{\beta_0} < \alpha < \frac{1}{\beta_1} \leq 1.$$

Il existe une constante réelle $K = K(\beta_1, \beta_0, \alpha, \rho)$ telle que :

$$I_\alpha f(x) \leq K\, [m_{1,\beta_0}f(x)]^{\frac{\frac{1}{\beta_1}-\alpha}{\frac{1}{\beta_1}-\frac{1}{\beta_0}}} [m_{1,\beta_1}f(x)]^{\frac{\alpha-\frac{1}{\beta_0}}{\frac{1}{\beta_1}-\frac{1}{\beta_0}}}, \qquad (3.23)$$

pour tout élément positif f de $L_0(G)$ et tout élément x de G.

Preuve : Soient un élément positif f de $L_0(G)$ et un élément x de G.

Si $m_{1,\beta_0}f(x) = +\infty$ ou $m_{1,\beta_1}f(x) = +\infty$ ou $f = O$, alors l'inégalité (3.23) est trivialement vérifiée.

Nous supposons donc que $0 < m_{1,\beta_0}f(x) < +\infty$ et $0 < m_{1,\beta_1}f(x) < +\infty$.

Soit r un réel strictement positif.

Nous avons $I_\alpha f(x) = J_1(x) + J_2(x)$, avec $J_1(x)$ et $J_2(x)$ donnés par la relation (3.21).

Soit a un réel strictement supérieur à 1.

$$J_1(x) \leq \sum_{k=0}^{+\infty}\left(a^{-k-1}r\right)^{\rho(\alpha-1)} \int_{B_{(x,a^{-k}r)}} f(y)d\lambda(y) \leq a^{-\rho(\alpha-1)}\sum_{k=0}^{+\infty}\left(a^{-k}r\right)^{\rho\left(\alpha-\frac{1}{\beta_0}\right)} m_{1,\beta_0}f(x).$$

Donc $J_1(x) \leq C_0 \lambda\left(B_{(e,r)}\right)^{\alpha-\frac{1}{\beta_0}} m_{1,\beta_0}f(x)$, avec $C_0 = \dfrac{a^{-\rho(\alpha-1)}}{1-a^{-\rho\left(\alpha-\frac{1}{\beta_0}\right)}}$.

Par ailleurs,

$$J_2(x) \leq \sum_{k=0}^{+\infty}\left(a^k r\right)^{\rho(\alpha-1)} \int_{B_{(x,a^{k+1}r)}} f(y)d\lambda(y) \leq a^{\rho\left(1-\frac{1}{\beta_1}\right)}\sum_{k=0}^{+\infty}\left(a^k r\right)^{\rho\left(\alpha-\frac{1}{\beta_1}\right)} m_{1,\beta_1}f(x).$$

Donc
$$J_2(x) \leq C_1 \lambda \left(B_{(e,r)}\right)^{\left(\alpha - \frac{1}{\beta_1}\right)} m_{1,\beta_1} f(x),$$

avec $\quad C_1 = \dfrac{a^{\rho\left(1-\frac{1}{\beta_1}\right)}}{1 - a^{\rho\left(\alpha - \frac{1}{\beta_1}\right)}}.$

Ainsi,
$$I_\alpha f(x) \leq C \left(r^{\rho\left(\alpha - \frac{1}{\beta_0}\right)} m_{1,\beta_0} f(x) + r^{\rho\left(\alpha - \frac{1}{\beta_1}\right)} m_{1,\beta_1} f(x) \right) \; \forall r \in \mathbb{R}_+^*. \qquad (3.24)$$

Puisque $0 < m_{1,\beta_0} f(x) < +\infty$ et $0 < m_{1,\beta_1} f(x) < +\infty$, prenons dans (3.24),
$$r^\rho = \left[\dfrac{m_{1,\beta_1} f(x)}{m_{1,\beta_0} f(x)} \right]^{\frac{1}{\frac{1}{\beta_1} - \frac{1}{\beta_0}}}.$$

Nous obtenons :
$$I_\alpha f(x) \leq C \left[m_{1,\beta_0} f(x)\right]^{\frac{\frac{1}{\beta_1} - \alpha}{\frac{1}{\beta_1} - \frac{1}{\beta_0}}} \left[m_{1,\beta_1} f(x)\right]^{\frac{\alpha - \frac{1}{\beta_0}}{\frac{1}{\beta_1} - \frac{1}{\beta_0}}},$$

où C est une constante indépendante de f. ■

Proposition 3.3.11 *Soient q, α, p, τ, q_1 et p_1 des éléments de $]0\,;\,+\infty]$ tels que :*
$$1 < q \leq \alpha \leq p\,;\, q < q_1 < \dfrac{1}{\tau} \leq p, \beta < p_1\,;$$
$$\alpha < \dfrac{1}{\tau} < \beta < \dfrac{pq}{p-q} \; et \; \dfrac{1}{p} - \dfrac{1}{p_1} < \dfrac{1}{\alpha} - \tau < \dfrac{1}{q} - \dfrac{1}{q_1} < \beta \left(\dfrac{1 - \tau \alpha}{\beta - \alpha} \right).$$
Alors il existe une constante réelle C telle que :
$$\|w I_\tau f\|_{q,p,\alpha} \leq C \|w\|_{q_1,p_1,\beta} \|f\|_{q,p,\alpha}, \; \forall (w, f) \in (L^{q_1}, L^{p_1})^\beta(G) \times (L^q, L^p)^\alpha(G).$$

Preuve : Posons
$$\varepsilon = \beta \left(\dfrac{1 - \tau \alpha}{\beta - \alpha} \right), \; \dfrac{1}{q} = \dfrac{\varepsilon}{q_2} + \dfrac{1}{q_1}, \; \dfrac{1}{\alpha} = \dfrac{\varepsilon}{s_2} + \dfrac{1}{\beta} \; et \; \dfrac{1}{p} = \dfrac{\varepsilon}{p_2} + \dfrac{1}{p_1}.$$

Nous avons d'une part :
$$\dfrac{1}{p_2} < 1 \; et \; \dfrac{1}{q_2} < 1\,;\, car \; \dfrac{1}{p} - \dfrac{1}{p_1} < \varepsilon \; et \; \dfrac{1}{q} - \dfrac{1}{q_1} < \varepsilon,$$
et d'autre part :
$$\dfrac{\varepsilon}{p_2} < \dfrac{\varepsilon}{s_2} < \dfrac{\varepsilon}{q_2}\,;\, car \; \dfrac{1}{p} - \dfrac{1}{p_1} < \dfrac{1}{\alpha} - \tau < \dfrac{1}{\alpha} - \dfrac{1}{\beta} < \dfrac{1}{q} - \dfrac{1}{q_1}.$$
Par conséquent, nous avons d'après les propositions 2.4.6 et 3.2.9,
$$\|m_{q,\beta} f\|_{\frac{q_2}{\varepsilon}, \frac{p_2}{\varepsilon}, \frac{s_2}{\varepsilon}} \leq C \|m_{q,\beta} f\|_{\frac{s_2}{\varepsilon}, +\infty}^* \leq C \|f\|_{q,p,\alpha}, \qquad (3.25)$$

et d'après le lemme 3.3.8,
$$|I_\tau f(x)| \leq C \|f\|_{q,p,\alpha}^{1-\varepsilon} (m_{q,\beta}f(x))^\varepsilon. \tag{3.26}$$

Multiplions (3.26) par $w(x)$, et prenons la norme $(L^q, L^p)^\alpha$ des deux membres en utilisant l'inégalité de Hölder.

Nous obtenons :
$$\begin{aligned} \|w I_\tau f\|_{q,p,\alpha} &\leq C \|f\|_{q,p,\alpha}^{1-\varepsilon} \|w(m_{q,\beta}f)^\varepsilon\|_{q,p,\alpha} \\ &\leq C \|f\|_{q,p,\alpha}^{1-\varepsilon} \|w\|_{q_1,p_1,\beta} \|m_{q,\beta}f\|_{\frac{q_2}{\varepsilon},\frac{p_2}{\varepsilon},\frac{s_2}{\varepsilon}}^\varepsilon \\ &\leq C \|w\|_{q_1,p_1,\beta} \|f\|_{q,p,\alpha}. \end{aligned}$$

Donc
$$\|w I_\tau f\|_{q,p,\alpha} \leq C \|w\|_{q_1,p_1,\beta} \|f\|_{q,p,\alpha},$$
où C est une constante indépendante de f et de w. ∎

Proposition 3.3.12 *Soient* $q, s, \theta, p, \beta, \alpha, u$ *et* t *des éléments de* $]0\,;\,+\infty]$ *tels que :*
$$1 \leq s \leq q \leq \theta < \frac{1}{\alpha} < \beta\,;\quad \theta \leq p\,;\, 1-\alpha < \frac{1}{s} - \frac{1}{\beta} < 1\,;$$
$$1 \leq s' \leq u \leq t \qquad et \qquad \varepsilon = \frac{\beta}{u}\left(\frac{u+\theta-\alpha\theta u}{\beta-\theta}\right).$$

Si v un élément positif de $L_0(G)$ tel que v^{-1} appartienne à $(L^{s'}, L^t)^u(G)$, alors il existe une constante réelle C telle que :
$$|I_\alpha f(x)| \leq C \|v^{-1}\|_{s',t,u} \|fv\|_{q,p,\theta}^{1-\varepsilon} [m_{s,\beta}fv(x)]^\varepsilon, \tag{3.27}$$
pour tout élément f de $L_0(G)$ et tout élément x de G.

Preuve : Soient f un élément positif de $L_0(G)$ et x un élément de G.

Si $\|fv\|_{q,p,\theta} = 0$ ou fv n'appartient pas à $(L^q, L^p)^\theta(G)$ ou $m_{q,\beta}fv(x) = +\infty$, alors l'inégalité est trivialement vérifiée.

Supposons que $0 < \|fv\|_{q,p,\theta} < +\infty$ et $m_{q,\beta}fv(x) < +\infty$.

Soit r un réel strictement positif.

Nous avons $I_\alpha f(x) = J_1(x) + J_2(x)$, $J_1(x)$ et $J_2(x)$ étant définies par la relation (3.21).

Soit un réel $a > 1$. Nous avons d'après la proposition 3.2.11,
$$\begin{aligned} J_1(x) &\leq \sum_{k=0}^{+\infty} \left(a^{-k-1}r\right)^{\rho(\alpha-1)} \int_{B_{(x,a^{-k}r)}} (fv)(y) v^{-1}(y) d\lambda(y) \\ &\leq \sum_{k=0}^{+\infty} \left(a^{-k-1}r\right)^{\rho(\alpha-1)} \left\|fv\chi_{B_{(x,a^{-k}r)}}\right\|_s \left\|v^{-1}\chi_{B_{(x,a^{-k}r)}}\right\|_{s'} \\ &\leq \left[a^{-\rho(\alpha-1)} \sum_{k=0}^{+\infty} \left(a^{-\rho\left(\alpha-\frac{1}{\beta}-\frac{1}{u}\right)}\right)^k\right] \lambda\left(B_{(e,r)}\right)^{\alpha-\frac{1}{\beta}-\frac{1}{u}} m_{s,\beta}(fv)(x) m_{s',u} v^{-1}(x) \\ &\leq C \left[a^{-\rho(\alpha-1)} \sum_{k=0}^{+\infty} \left(a^{-\rho\left(\alpha-\frac{1}{\beta}-\frac{1}{u}\right)}\right)^k\right] \lambda\left(B_{(e,r)}\right)^{\alpha-\frac{1}{\beta}-\frac{1}{u}} m_{s,\beta}fv(x) \|v^{-1}\|_{s',t,u}. \end{aligned}$$

Donc
$$J_1(x) \leq C\lambda \left(B_{(e,r)}\right)^{\alpha-\frac{1}{\beta}-\frac{1}{u}} m_{s,\beta} fv(x) \left\|v^{-1}\right\|_{s',t,u},$$
où C est une constante indépendante de f et de v.

Par ailleurs, d'après la relation (2.11), nous avons

$$\begin{aligned}
J_2(x) &\leq \sum_{k=0}^{+\infty} \left(a^k r\right)^{\rho(\alpha-1)} \int_{B_{(x,a^{k+1}r)}} (fv)(y) v^{-1}(y) d\lambda(y) \\
&\leq \sum_{k=0}^{+\infty} \left(a^k r\right)^{\rho(\alpha-1)} \left(a^{k+1}r\right)^{\rho\left(\frac{1}{s}-\frac{1}{q}\right)} \left\| fv \chi_{B_{(x,a^{k+1}r)}} \right\|_q \cdot \left\| v^{-1} \chi_{B_{(x,a^{k+1}r)}} \right\|_{s'} \\
&\leq C \sum_{k=0}^{+\infty} \left(a^k r\right)^{\rho(\alpha-1)} \left(a^{k+1}r\right)^{\rho\left(\frac{1}{s}-\frac{1}{q}\right)} \|fv\|_{q,p}^{\pi_{a^{k+1}r}} \|v^{-1}\|_{s',t}^{\pi_{a^{k+1}r}} \\
&\leq Ca^{\rho\left(1-\frac{1}{\theta}-\frac{1}{u}\right)} \sum_{k=0}^{+\infty} \left(a^{\rho\left(\alpha-\frac{1}{\theta}-\frac{1}{u}\right)}\right)^k \lambda\left(B_{(e,r)}\right)^{\alpha-\frac{1}{\theta}-\frac{1}{u}} \|fv\|_{q,p,\theta} \|v^{-1}\|_{s',t,u}.
\end{aligned}$$

Donc
$$J_2(x) \leq C\lambda\left(B_{(e,r)}\right)^{\alpha-\frac{1}{\theta}-\frac{1}{u}} \|fv\|_{q,p,\theta} \|v^{-1}\|_{s',t,u},$$
où C est une constante indépendante de f et de v.

Ainsi,
$$I_\alpha f(x) \leq C \left(\lambda\left(B_{(e,r)}\right)^{\alpha-\frac{1}{\beta}-\frac{1}{u}} m_{s,\beta} fv(x) + \lambda\left(B_{(e,r)}\right)^{\alpha-\frac{1}{\theta}-\frac{1}{u}} \|fv\|_{q,p,\theta}\right) \|v^{-1}\|_{s',t,u}, \forall r \in \mathbb{R}_+^*. \tag{3.28}$$

Puisque $0 < \|fv\|_{q,p,\theta} < +\infty$ et $0 < m_{s,\beta} fv(x) < +\infty$, prenons dans (3.28),
$$r = \left[\frac{\|fv\|_{q,p,\theta}}{m_{s,\beta} fv(x)}\right]^{\tau \rho^{-1}},$$
avec $\quad \tau = \dfrac{\theta\beta}{\beta-\theta}.$

Nous obtenons
$$I_\alpha f(x) \leq C \|v^{-1}\|_{s',t,u} \|fv\|_{q,p,\theta}^{1-\frac{\beta}{u}\left(\frac{u+\theta-\alpha\theta u}{\beta-\theta}\right)} [m_{s,\beta} fv(x)]^{\frac{\beta}{u}\left(\frac{u+\theta-\alpha\theta u}{\beta-\theta}\right)}. \blacksquare$$

Proposition 3.3.13 *Soit* (α,β,θ,q) *un élément de* $]0;1[\times [1;+\infty]^3$ *tel que* $1 < q \leq \theta < \dfrac{1}{\alpha} < \beta.$

Désignons par $\varepsilon, s, s_1, q_1, p, w$ *et* u, *les réels définis par :*

$$\varepsilon = \frac{\alpha\beta-1}{\beta-\theta} \;;\; \frac{1}{s} = \frac{1}{\theta} - \frac{1}{\beta} \;;\; \frac{1}{s_1} = \frac{1}{s} - \frac{\theta\varepsilon}{s} \;;\; 1 < q_1 \leq s \leq p \,;$$

$$\frac{1}{u} = \frac{1}{q_1} - \frac{\theta\varepsilon}{q_1} \;;\; \frac{1}{w} = \frac{1}{p} - \frac{\theta\varepsilon}{p}.$$

Alors il existe une constante réelle K *telle que*
$$\|I_\alpha f\|_{u,w,s_1} \leq K \|m_{q,\beta} f\|_{q_1,p,s},$$
pour tout élément f *de* $L_0(G)$.

Preuve : Nous pouvons considérer seulement les éléments positifs de $L_0(G)$, vu qu'en remplaçant f par sa valeur absolue nous ne faisons qu'augmenter le terme de gauche.

Soit f un élément positif de $L_0(G)$.

Pour tout élément x de G, nous avons, d'après le lemme 3.3.8,

$$|I_\alpha f(x)| \leq C \|f\|_{q,p,\theta}^{\theta\varepsilon} [m_{q,\beta} f(x)]^{1-\theta\varepsilon}.$$

Considérons un réel $r > 0$.

Pour tout élément E de π_r, nous avons :

$$\left(\int_E |I_\alpha f(x)|^u \, d\lambda(x)\right)^{\frac{1}{u}} \leq C \|f\|_{q,p,\theta}^{\theta\varepsilon} \left[\int_E (m_{q,\beta} f(x))^{(1-\theta\varepsilon)u} \, d\lambda(x)\right]^{\frac{1}{u}}$$
$$\leq C \|f\|_{q,p,\theta}^{\theta\varepsilon} \|(m_{q,\beta} f) \chi_E\|_{u(1-\theta\varepsilon)}^{1-\theta\varepsilon},$$

c'est-à-dire

$$\|I_\alpha f \chi_E\|_u \leq C \|f\|_{q,p,\theta}^{\theta\varepsilon} \|(m_{q,\beta} f) \chi_E\|_{q_1}^{1-\theta\varepsilon}.$$

Ainsi,

$$\left(\sum_{E \in \pi_r} \|I_\alpha f \chi_E\|_u^w\right)^{\frac{1}{w}} \leq C \|f\|_{q,p,\theta}^{\theta\varepsilon} \left[\sum_{E \in \pi_r} \|(m_{q,\beta} f) \chi_E\|_{q_1}^{(1-\theta\varepsilon)w}\right]^{\frac{1}{w}}$$
$$\leq C \|f\|_{q,p,\theta}^{\theta\varepsilon} \left[\sum_{E \in \pi_r} \|(m_{q,\beta} f) \chi_E\|_{q_1}^p\right]^{\frac{1}{p}(1-\theta\varepsilon)},$$

soit

$$\|I_\alpha f\|_{u,w}^{\pi_r} \leq C \|f\|_{q,p,\theta}^{\theta\varepsilon} \left[\|m_{q,\beta} f\|_{q_1,p}^{\pi_r}\right]^{1-\theta\varepsilon}.$$

$$\lambda(B_{(e,r)})^{\frac{1}{s_1}-\frac{1}{u}} \|I_\alpha f\|_{u,w}^{\pi_r} \leq C \|f\|_{q,p,\theta}^{\theta\varepsilon} \lambda(B_{(e,r)})^{\frac{1}{s_1}-\frac{1}{u}} \left[\|m_{q,\beta} f\|_{q_1,p}^{\pi_r}\right]^{1-\theta\varepsilon}$$
$$\leq C \|f\|_{q,p,\theta}^{\theta\varepsilon} \left[\lambda(B_{(e,r)})^{\frac{1}{s}-\frac{1}{q_1}} \|m_{q,\beta} f\|_{q_1,p}^{\pi_r}\right]^{1-\theta\varepsilon}.$$

Par conséquent,

$$\|I_\alpha f\|_{u,w,s_1} \leq C \|f\|_{q,p,\theta}^{\theta\varepsilon} \left[\|m_{q,\beta} f\|_{q_1,p,s}\right]^{1-\theta\varepsilon}.$$

Or d'après la proposition 3.2.12,

$$\|f\|_{q,p,\theta} \leq C \|m_{q,\beta} f\|_{q_1,p,s}.$$

D'où,

$$\|I_\alpha f\|_{u,w,s_1} \leq K \|m_{q,\beta} f\|_{q_1,p,s} \quad \blacksquare$$

3.4 Conclusion

Dans ce travail, nous n'avons ni étudié la transformation de Fourier, ni examiné en profondeur la convolution dans $(L^q, L^p)(G)$. Nous espérons par la suite travailler sur ces problèmes, ainsi qu'à l'application de cet espace dans la résolution des problèmes physiques utilisant les équations aux dérivées partielles de type elliptique.

Dans le chapitre 2, nous avons montré que l'espace $(L^q, L^p)^\alpha(G)$ contient un sous-ensemble fermé dans lequel la translation est continue. L'on pourrait alors penser au problème de représentation de groupe dans les espaces $(L^q, L^p)^\alpha(G)$.

Nous pensons aussi, que l'on peut définir l'espace $(L^q, L^p)^\alpha(X, d, \mu)$, pour des espaces de type homogène (X, d, μ) plus généraux que les groupes de type homogène, et que la plupart des résultats établis ici peuvent s'étendre, à quelques modifications près, à cet espace.

Ce sont là quelques unes des directions dans lesquelles nous comptons orienter nos recherches.

Bibliographie

[1] N. E. Aguilera and E. O. Harboure : *On the search of weighted norm inequalities for the Fourier transform*, Pacific J. Math. Vol. 104, N°1 (1983), pp 1-14.

[2] Robert C. Busby and Harvey A. Smith : *Product-convolution operators and mixed-norm spaces*, Trans. AMS vol. 263, Number 2, February 1981. pp 309-341.

[3] Calderon A. P. : *Inequalities for the maximal function relative to a metric*, Studia Mathematica, 62 (1972), pp 297-306.

[4] Coifman, R. R and Weiss, G. : *Extensions of Hardy spaces and their use in Analysis*, Bull. Math. Soc. 83 (1977), pp 569-645.

[5] Edwin Hewitt and Kenneth A. Ross : *Abstract harmonic analysis. I*, Academic press, New York, 1963.

[6] Fofana Ibrahim : *Espaces $(L^q, \ell^p)^\alpha$ et continuité de l'opérateur maximal fractionnaire de Hardy-Littelwood*, Afrika Mathematica, série 3, vol 12 pp 23-37 (2001).

[7] Filippo Chiarenza and Michele frasca : *Morrey spaces and Hardy-Littlewood maximal function*, Rend. Math. 7 (1987), pp 273-279.

[8] G. B. Folland and E. M. Stein : *Hardy spaces on homogeneous groups*, Mathematical Notes 28, princeton university press. princeton, New Jersey 1982

[9] J.Garcia-Cuerva and J. L. Rubio de Francia : *Weighted norm inequalities and related topics*, North-Holland Math. Studies, vol. 116, North-Holland Amsterdam. 1985.

[10] F. Holland : *Harmonic analysis on amalgams of L^p and ℓ^q*, J. London Math. Soc. (2) 10 (1975), pp 295-305.

[11] B. Muckenhoupt : *Weighted norm inequalities for classical operators*, Proc. Symp. in Pure Math., 35, (1977), pp 69-83.

[12] Benjamin Muckenhoupt and Richard Wheeden : *Weighted norm inequalities for fractional integrals*, Trans. of the AMS, volume 192 (1974), pp 261-275.

[13] Pan Wenjie : *Fractional integrals on spaces of homogeneous type*, Approx. Theory&its Appl. 8 :1 mar 1992. pp 1-15.

[14] Pérez and Wheeden : *Uncertainty principle estimates for vector fields*, Journal of functional Analysis 181 ; pp 146-188 (2001).

[15] Pérez and Wheeden : *Potential operators, maximal functions, and generalization of* A_∞, Potential Anal. 19 (2003) n°1, pp 1-33.

[16] E. T. Sawyer and R. L. Wheeden : *Weighted inequalities for fractional integrals on euclidean and homogeneous spaces*, Amer. J. Math. 114 (1992), 813-874.

[17] J. Stewart : *Fourier transforms of unbounded measures*, Canad. J. Math. 31 (1979) pp 1281-1292.

[18] N. Wiener : *On the representation of functions by trigonometrical integrals*, Math. Z. 24 (1926), pp 575-616.

i want morebooks!

Oui, je veux morebooks!

Buy your books fast and straightforward online - at one of world's fastest growing online book stores! Environmentally sound due to Print-on-Demand technologies.

Buy your books online at
www.get-morebooks.com

Achetez vos livres en ligne, vite et bien, sur l'une des librairies en ligne les plus performantes au monde!
En protégeant nos ressources et notre environnement grâce à l'impression à la demande.

La librairie en ligne pour acheter plus vite
www.morebooks.fr

VDM Verlagsservicegesellschaft mbH
Heinrich-Böcking-Str. 6-8   Telefon: +49 681 3720 174   info@vdm-vsg.de
D - 66121 Saarbrücken   Telefax: +49 681 3720 1749   www.vdm-vsg.de

Printed by Books on Demand GmbH, Norderstedt / Germany